LES MOBILITÉS DU FUTUR

Éditeur : **Vincent Pichon-Varin**
Direction éditoriale : **Nathalie Courtois**
Textes : **Sylvie Setier, Renaud Lefebvre**
Illustrations : **Raphaël Chantalat**
Conception graphique : **Lætitia Queste**
Assistante éditoriale : **Alix de Sanderval**
Fabrication : **Brigitte Trichet**

23, rue du Cherche-Midi
75006 Paris
Vous aimez les beaux livres ? Inscrivez-vous à notre newsletter
pour suivre en avant-première toutes nos actualités :
www.cherche-midi.com

LES MOBILITÉS DU FUTUR

cherche
midi

SOMMAIRE

AVANT-PROPOS

Ceci n'est pas un train mais un bureau connecté.
Ceci n'est pas une voiture mais un lieu de rencontre.
Ceci n'est pas un vélo mais un transport public individuel.
Ceci n'est pas un téléphone mais la clé du véhicule que vous venez de louer à votre voisin.
Étrange ? Et pourtant, si la réalité est aux embouteillages et aux retards, l'imaginaire est à la légèreté et à la fluidité. Nous ne voulons plus perdre de temps dans les transports ; nous voulons profiter de ce temps. Nous voulons nous déplacer en combinant tous les moyens possibles ; les outils numériques nous le permettent désormais. Nous sommes de plus en plus mobiles, mais nous voulons réduire notre bilan carbone. Le XXIe siècle est celui d'un changement de paradigme. Les citadins (re)découvrent les vertus de la marche, la rapidité du vélo, l'efficacité des transports en commun quand ils sont connectés. À quoi bon, dès lors, posséder une voiture devenue trop chère, trop polluante, trop difficile à garer ?

L'enjeu est quotidien, mais pas seulement. Car l'avenir de la planète, la qualité de vie que connaîtront nos enfants, dépendent en partie de la réduction des gaz à effet de serre et des pollutions dues aux transports. Certes, au fil des années, les véhicules thermiques sont devenus plus vertueux, les énergies plus propres et renouvelables, des matériaux recyclables sont mis sur le marché, de nouveaux services facilitent l'usage des mobilités douces. Mais c'est à un véritable changement de comportement que nous invite l'Agence de l'environnement et de la maîtrise de l'énergie.
En 2050, nous dit l'Ademe dans son schéma prospectif, le parc automobile devrait être plus réduit qu'aujourd'hui – autour de 22 millions contre plus de 35 millions. Cette prévision repose sur l'hypothèse d'une mutualisation plus importante

de la voiture : 12 millions de véhicules seraient toujours des biens personnels, 5 millions seraient proposés en autopartage, et 5 millions seraient des véhicules utilitaires légers. Les motorisations se répartiraient également entre thermiques, hybrides rechargeables et électriques. Cette évolution s'accompagnerait d'un doublement du nombre de voyageurs utilisant les transports collectifs et d'un nombre de vélos et de deux-roues motorisés qui serait multipliés par quatre.

Plus que des nouveaux moyens de transport, ce schéma prospectif met l'accent sur de nouveaux usages. La ville de demain devra proposer de multiples possibilités de se déplacer, rapidement ou plus lentement, sur de courtes distances ou plus loin. Au citoyen de construire sa propre mobilité en choisissant ses modes de transport. Dans la même journée, emprunter ou louer un vélo en libre-service, puis prendre le bus et terminer avec son gyropode. Ou encore partager une voiture, sauter dans le train, et enfin récupérer un vélo. Et, dans tous les cas, marcher, le volet invisible de la mobilité mais sans lequel bien des citadins n'arriveraient pas à bon port.

Ces dernières années, les innovations sont arrivées via le smartphone et la technologie du numérique. Grâce à ces derniers, nous avons découvert de nouveaux usages comme le covoiturage, l'autopartage, impensables et impensés par les acteurs historiques des transports. Pour Gabriel Plassat, de l'Ademe, « nous sommes passés d'une logique d'offre – les industriels conçoivent, produisent de grands volumes et commercialisent – à une logique ascendante de plateforme avec des citoyens qui produisent des connaissances, coproduisent des offres de mobilité qu'ils diffusent ». Parions que ces nouvelles formes d'intelligence collaborative continueront à inventer notre futur.

LES MOTS DE LA MOBILITÉ

Le glissement sémantique des « transports » vers la « mobilité » n'a rien d'un effet de mode. Certes, il est de bon ton d'être « mobile », de se muer en nomade emportant avec lui son espace de travail, d'accepter de changer de ville, de métier, de se tenir prêt à toutes les éventualités et rencontres rendues possibles par nos connexions numériques.

En matière de déplacements, la terminologie qui prévaut désormais distingue la dimension technique du transport de celle, pluridisciplinaire, qui fait appel à l'urbanisme, aux sciences sociales, au développement durable.

Les transports étaient jusque-là l'affaire des ingénieurs, des industriels, des opérateurs publics, chacun travaillant plus ou moins de son côté, formant ses spécialistes et rivalisant de prouesses technologiques. Évoquer la mobilité consiste aujourd'hui à intégrer les déplacements dans leur contexte social, géographique – de plus en plus citadin –, en étant attentif au paysage urbain et aux liaisons entre les grands pôles de vie et d'activité. C'est aussi mieux comprendre les raisons de nos déplacements et ce que nous voulons faire de ce temps considéré encore hier comme perdu.

C'est enfin accepter l'idée que les voyageurs connectés sont aujourd'hui en capacité de construire leur trajet porte à porte, passant d'un mode de transport à l'autre, en solitaire ou dans le partage, en privilégiant l'usage plutôt que la possession d'un véhicule.

AUTONOMIE

La voiture autonome est devenue l'un des enjeux majeurs des constructeurs automobiles. Celle qui, à terme, permettra aux passagers de faire tout autre chose que de conduire. Truffé de capteurs et de logiciels, le véhicule – individuel ou collectif – contribuera à notre sécurité et à notre bien-être. L'autonomie, c'est aussi celle des transports électriques. Dans ce secteur aussi, les industriels déploient leurs technologies pour inventer les batteries, les matériaux, les stations d'alimentation qui nous feront gagner des kilomètres.
L'autonomie est enfin celle des voyageurs devenus moins captifs d'un mode de transport et qui utiliseront les solutions les plus appropriées à leurs besoins.

INTELLIGENCE

L'intelligence est avant tout liée au numérique. Un véhicule « intelligent » est bardé de technologies le connectant à son environnement : il est capable de traiter des informations en temps réel, d'adapter son comportement, d'assister le conducteur, d'être géolocalisé...
Smartphone en main, le voyageur démultiplie aussi son intelligence. De très nombreuses applications absorbent des milliers de données dont l'analyse permet de prévoir son trajet, de l'adapter en temps réel en fonction des circonstances, de mutualiser les solutions pour mieux se déplacer, quand on veut et où on veut. L'intelligence n'est pas que dans la machine, elle est aussi et surtout dans notre capacité à inventer notre propre mobilité.

DURABLE

La nécessité d'intégrer la notion de développement durable dans l'organisation de nos sociétés est aujourd'hui largement partagée par l'opinion publique. Les acteurs des transports s'attachent à produire des véhicules moins polluants, plus respectueux de l'environnement, en termes de qualité de l'air, de niveau sonore et de confort. Les pouvoirs publics réaménagent les villes pour promouvoir les mobilités douces des piétons et des cyclistes notamment. Promouvoir des mobilités durables consiste aussi à mettre à disposition des voyageurs de multiples solutions afin de garantir la possibilité de se déplacer, quels que soient les aléas du quotidien.

FLUIDITÉ

Une circulation fluide, sans embouteillages ni crispations, nous en rêvons tous. Mais dans des villes de plus en plus tentaculaires, où les déplacements, professionnels notamment, sont contraints, difficile d'échapper à la congestion. Sauf à réduire drastiquement nos allées et venues, la solution est à trouver dans le développement et une plus grande efficacité des transports en commun, mais aussi dans le partage des voitures ou des deux-roues. Plus que par le passé, les opérateurs de transport public sont invités à renforcer l'interconnexion de leurs réseaux pour que le passage de l'un à l'autre s'effectue sans rupture. Pendant ce temps, des outils numériques de plus en plus fiables nous aident à adapter notre trajet en temps réel pour ne pas que nous nous retrouvions bloqués en chemin...

PARTAGE

C'est l'un des mots-clés des nouvelles mobilités. Il évoque une plus grande diversité de ressources énergétiques, avec une priorité en faveur des énergies renouvelables, et un autre partage de l'espace public, entre voitures, piétons et cyclistes. Il se traduit surtout par un changement sociétal qui prend de l'ampleur : celui de la dépossession. Utiliser une voiture, un vélo, un scooter devient tout aussi important que de posséder son propre véhicule. Dès lors, le partage se décline sous toutes ses formes : covoiturage, libre-service, location entre particuliers... Ce néologisme n'est pas encore agréé par l'Académie, mais l'autosolisme pourrait bientôt être pointé du doigt !

SOLUTIONS

Oubliez les « infrastructures » et les « véhicules » : les leviers des nouvelles mobilités sont désormais des « solutions ». Car il ne s'agit plus de penser un réseau – routier ou ferroviaire –, un bolide ou un tramway high-tech, mais bien d'apporter une réponse globale à une demande de mobilité. C'est ainsi que des industriels historiques s'allient à des start-up, que des opérateurs de transport public concluent des partenariats avec des entreprises privées pour offrir la meilleure solution : une prise en charge totale, de porte à porte et dans les meilleurs délais.

PORTE
GATE
C

14:38 46
TH. 15.
INDOOR
HUMIDITY
20.5
50
FORECAST
PRESSURE
1012 hPa
PRESSURE HISTORY
FUTUR

I/III

MOBILITÉ CONNECTÉE

Échappée d'un film de science-fiction, la voiture sans chauffeur roulera bientôt sur nos routes. À son bord, nous pourrons lire, discuter, regarder les infos, travailler… sans nous préoccuper de la conduite. À partir de 2030 – dans moins de quinze ans ! –, une partie du parc automobile pourrait être autonome. Ultraconnecté, notre véhicule s'apparentera à un ordinateur ambulant qui communiquera en temps réel avec son environnement, avec la route, avec la ville, avec les autres véhicules…

Mercedes, Nissan, Ford, Volkswagen, PSA, BMW, Volvo, Renault… Aujourd'hui déjà, tous les grands constructeurs investissent massivement dans la « conduite déléguée ». Sans parler de nouveaux arrivants qui tentent de bousculer une industrie automobile plus que centenaire : Tesla, Google, Apple, Uber…

« Une profonde révolution du mode de vie se prépare, lance Guillaume Devauchelle, directeur de l'innovation de Valeo, l'un des premiers équipementiers automobiles. Le véhicule autonome aura un impact sur la façon de travailler, d'étudier, de faire les courses, d'organiser les villes et les services publics… Il ouvre des perspectives qu'il est aujourd'hui impossible d'imaginer ; mais qui pouvait prévoir, il y a dix ans, que le téléphone servirait à tout sauf à téléphoner ? Qu'il concurrencerait les cartes routières, les appareils photo, le courrier, la carte bancaire, la presse ? »

Quand verrons-nous ce véhicule ? Aujourd'hui, les voitures peuvent déjà se garer toutes seules et, bientôt, le chauffeur pourra déléguer la conduite sur certaines voies protégées. À partir de 2020, commenceront à apparaître des véhicules totalement autonomes. Et si le véhicule capable de circuler sans chauffeur n'est actuellement pas autorisé par la réglementation française, son arrivée est estimée aux environs de 2030.

VALEO

UN DES PREMIERS ÉQUIPEMENTIERS AUTOMOBILES MONDIAUX. GROUPE FRANÇAIS, FONDÉ EN 1923. CONSACRE 11 % DE SON CHIFFRE D'AFFAIRES ANNUEL À LA RECHERCHE ET AU DÉVELOPPEMENT.

LA RÉVOLUTION DU NUMÉRIQUE

Retour en arrière. Pendant un siècle, l'automobile a été connectée à son environnement principalement par ses pneus, seuls éléments en contact avec la voie. Pour le reste, le conducteur devait tout faire : choisir l'itinéraire, repérer les nids-de-poule, freiner, dépasser, mettre les essuie-glaces. Clignotants, appels de phares et klaxon étaient ses seuls modes de communication. L'autoradio lui permettait de ne pas être totalement isolé du monde. Le numérique est en train de tout changer. Pas seulement dans l'automobile, mais dans tout le monde du transport.

Nous avions autrefois des cartes routières, des plans de villes, des plans de métro et grilles horaires de trains. Nous faisions la queue pour acheter des tickets à des automates récalcitrants ; sur la route, nous guettions les pompes à essence ; au coin des rues, nous attendions impatiemment le passage d'un taxi. Le smartphone a changé notre façon de nous déplacer. Et ce n'est qu'un début.

Désormais, nous connaissons les temps d'attente entre chaque bus, chaque tramway ou chaque métro. La géolocalisation permet de faire intervenir plus rapidement les véhicules de secours, de dépannage ou les taxis. Elle permet d'optimiser les tournées des flottes de fret ou de livraison. Des panneaux lumineux nous avertissent de la proximité d'un bouchon, d'un accident ou d'un animal errant. Une foison de services et d'applications numériques apparaissent à flux continu pour choisir notre mode de transport, calculer le temps de trajet, réserver un taxi ou… signaler les radars. Ce ne sont que des balbutiements.

« LE SMARTPHONE
A CHANGÉ NOTRE
FAÇON DE NOUS
DÉPLACER.
ET CE N'EST
QU'UN DÉBUT. »

LA NOUVELLE DONNE DE LA MOBILITÉ

Tandis que constructeurs automobiles et opérateurs de transport (chemin de fer, métro, bus, tramway…) investissent dans le digital, les seigneurs du numérique, Google, Apple et une myriade de start-up dans leur sillage, prennent d'assaut les transports, rebaptisés « mobilités ». Mais la mobilité, qu'est-ce que c'est ? Ce glissement sémantique est-il une nouvelle opération de poudre aux yeux ou marque-t-il un réel changement ?
« Il s'agit d'un changement de logique visant à offrir plus de solutions de déplacement avec moins d'infrastructures, estime Benjamin Frayssinet, géographe et consultant du bureau d'études Chronos. Tous les opérateurs de transport se sont développés autour d'infrastructures lourdes, largement financées par les pouvoirs publics : voies de chemin de fer, gares, routes et autoroutes, métros, aéroports… Aujourd'hui, elles sont surchargées. »
Faut-il construire, encore et encore, de nouvelles routes, des gares, des aéroports, alors même que les pouvoirs publics, surendettés, n'ont plus les moyens de les financer ? D'autant que cette logique de l'offre a montré ses limites : chaque nouvelle infrastructure se traduit par une augmentation du trafic. Construit pour décongestionner Paris, le boulevard périphérique a drainé un nouveau flux de véhicules vers la capitale et s'est retrouvé saturé en quelques années. Dans les transports comme ailleurs, l'offre crée la demande.
« L'économie numérique propose de nouvelles solutions, qui n'exigent pas d'infrastructures », poursuit Benjamin Frayssinet. Sans rien investir ou presque, sans construire la moindre route ni percer le moindre tunnel, sans même acheter de véhicules, Uber a su développer une offre de mobilité à un niveau international. Idem pour BlaBlaCar : la plus célèbre des start-up françaises « transporte » plus de 3 millions de personnes par mois, dans une vingtaine

CHRONOS

CABINET D'ÉTUDES ET DE PROSPECTIVE FRANÇAIS, FONDÉ EN 1993. THÈMES DE RECHERCHE : TERRITOIRES, DÉPLACEMENTS ET ORGANISATIONS. ÉQUIPE PLURIDISCIPLINAIRE : SOCIOLOGIE, URBANISME, MANAGEMENT ET INFORMATION.

de pays, sans détenir le moindre véhicule ni même augmenter le trafic puisqu'elle fait appel à des voitures déjà en circulation.

« LES VILLES MISENT SUR LA TECHNOLOGIE POUR FLUIDIFIER LES DÉPLACEMENTS. »

Pour lutter contre l'engorgement automobile, les villes décuplent leurs efforts depuis trente ans. Elles ont multiplié les métros, les tramways, créé des zones piétonnes, ouvert des voies dédiées aux bus et des pistes cyclables... Elles ont utilisé la contrainte, en diminuant le nombre de places de stationnement, en rendant les schémas de circulation de plus en plus complexes, en interdisant la circulation des véhicules les plus anciens. Sans grand résultat.

Les villes misent désormais sur la technologie pour fluidifier les déplacements. Caméras et capteurs sont reliés à des systèmes capables d'analyser le trafic, de gérer les feux rouges pour désengorger les carrefours, d'informer les utilisateurs sur les temps de trajet. « Cette masse d'informations s'ajoute aux millions de données collectées par les différents opérateurs de transport : bus, métros, tramways, taxis, trains... constate Benjamin Frayssinet. L'idée est donc de réunir ces données, de les mutualiser sur des plateformes numériques "multimodales", c'est-à-dire intégrant tous les modes de transport, et capables de les analyser pour proposer aux utilisateurs la solution la plus efficace pour aller d'un point à un autre. À eux ensuite d'arbitrer entre le mode de déplacement le moins coûteux, ou le plus rapide, ou celui nécessitant le moins de changements de moyens de transport. »

« DES PLATEFORMES NUMÉRIQUES POURRAIENT RÉUNIR LES DONNÉES DES VILLES ET DES OPÉRATEURS DE TRANSPORT. »

PARCOURS MULTIMODAL

Si des réponses émergent ici ou là, cette interface numérique n'est pas encore généralisée. À Paris, un touriste souhaitant se rendre au château de Versailles doit aujourd'hui jongler sur son smartphone entre quatre ou cinq applications : métro, RER, SNCF... et Google Maps pour finir son trajet à pied. Une plateforme multimodale (et multilingue), si elle existait, lui proposerait un trajet complet, de porte à porte. Elle pourrait même lui permettre de régler en ligne un billet unique qui inclurait les différents moyens de transport et la visite du château. Il n'existe aucun verrou technique à un tel scénario. Certes complexe à mettre en œuvre, il suppose surtout de faire travailler ensemble des opérateurs, publics et privés, aux intérêts économiques divergents.

Aborder la mobilité exige de prendre la mesure du service attendu par l'usager : partant à l'heure H de tel endroit, il veut savoir non seulement quand il arrivera à destination, mais aussi quelle proposition de trajet, de mode de transport, unique ou combiné, est la plus pertinente, en fonction du jour, de l'heure, du trafic ou des travaux. C'est ce que tentent de mettre en place de nombreuses villes, notamment la métropole lyonnaise, l'une des plus avancées en Europe dans ce domaine.

GRAND LYON
COLLECTIVITÉ TERRITORIALE CRÉÉE LE 1ER JANVIER 2015. RASSEMBLE 59 COMMUNES ET 1,3 MILLION D'HABITANTS.

« Les villes européennes sont les championnes du monde en matière d'offre de transports en commun, estime Jean Coldefy, responsable des mobilités urbaines du Grand Lyon. Pourtant, ces derniers ne représentent qu'entre 15 et 25 % des déplacements. Dans notre agglomération, 70 % des trajets comptent moins de 3 kilomètres et s'effectuent pourtant en grande majorité en voiture (58 %). Sur des distances aussi courtes, le coût entre peu en compte pour déterminer le choix de l'utilisateur : à 0,34 € par kilomètre, une voiture coûte dix fois plus cher que le TER avec abonnement (0,03 €/km), mais ce dernier ne fait pas de porte à porte. Prendre la voiture reste un réflexe, dû à la force de l'habitude, mais aussi à la complexité et à la multiplicité des transports, entre lesquels il n'est pas toujours facile de faire le choix le plus pertinent. Pour optimiser les infrastructures existantes, il faut améliorer l'information sur le coût et les temps de transport, et ce, en temps réel et pour chaque trajet individuel. »

En 2015, la métropole a mis au point Optimod'Lyon, une des plateformes multimodales les plus complètes au monde. Opérateurs des transports publics, de vélos et voitures en libre-service, sociétés de taxis, services d'autopartage et de covoiturage, et même gestionnaires de parkings collectent et partagent chaque jour 20 millions de données, auxquelles s'ajoutent les informations sur le trafic automobile. Avec Optimod, tous les modes de déplacement sont pris en compte, du bus à la voiture particulière en passant par les taxis et même la marche à pied. La plateforme s'appuie sur l'observation en temps réel du trafic et des ralentissements et, grâce à une analyse historique des données, est capable de fournir des prévisions une heure à l'avance, « avec une fiabilité de 80 % qui va aller en s'améliorant », assure Jean Coldefy.

UN LYON DANS MON SMARTPHONE

Avec Optimod'Lyon, les horaires, les tarifs, les temps de trajet de tous les modes de transport lyonnais sont accessibles en quelques secondes pour organiser ses déplacements. Vous entrez dans votre voiture ? L'application signale le temps de trajet en fonction des encombrements et vous propose des solutions alternatives plus efficaces. Vous êtes dans le métro et la ligne est interrompue en raison d'un « colis suspect » ? Elle vous dirige vers une ligne de bus, une station Vélo'v, ou indique le chemin qu'il reste à parcourir à pied. L'application a été développée par Cityway, une filiale du français Transdev, l'un des premiers groupes de transports en commun mondiaux. Elle est le fruit du projet de recherche qui a réuni le Grand Lyon et 12 partenaires publics et privés. Lancé sur les bords du Rhône en 2015, Optimod a déjà séduit Saint-Étienne et Toronto, qui ont décidé de le mettre en place à leur tour.

BIG DATA

Il a fallu trois ans pour développer Data Grand Lyon, pour un budget de 7 millions d'euros financé par l'État et par une douzaine de partenaires publics et privés. C'est beaucoup plus rapide et beaucoup moins cher qu'une nouvelle ligne de tramway. Qui l'utilise ? « Les systèmes de navigation, Samsung, Yahoo ou Microsoft, l'intègrent pour développer leurs services. Les sociétés de livraison et de fret urbains aussi, pour organiser leurs tournées ou réserver des places de stationnement. L'idée est de mettre ces données à disposition de qui veut, moyennant une licence variable selon le type d'utilisation. »

Car Lyon a l'intention d'essaimer. Quatre grandes villes européennes (Madrid, Turin, Birmingham et Göteborg) l'ont rejoint dans le projet européen Opticities. Son objectif est de définir des standards européens pour les bases de données et les plateformes multimodales afin d'éviter la multiplication de projets non coordonnés et incapables de communiquer entre eux. Avec des standards européens, il sera beaucoup plus facile aux développeurs de services, tels que les logiciels de cartographie, d'intégrer les données dans leurs applications. Une même application permettrait ainsi de se déplacer et d'accéder à l'offre de transports à Lyon mais aussi à Madrid, Turin, et dans toutes les villes d'Europe, ou même au-delà.

Partenaire du projet lyonnais et fournisseur de l'application Optimod, Transdev est l'un des premiers opérateurs de transport en commun au monde. Pour Yann Leriche, son directeur de la performance, la gestion des données, le big data, sera l'enjeu majeur du développement des transports. « La saturation des villes, le manque de moyens pour développer de nouvelles infrastructures et surtout les bouleversements provoqués par le smartphone changent la donne, confirme-t-il. Pour améliorer et faciliter les déplacements, il faut apporter aux utilisateurs une information complète, fiable et actualisée en temps réel.

TRANSDEV
OPÉRATEUR FRANÇAIS DE TRANSPORTS COLLECTIFS, CRÉÉ EN 1954 ET PRÉSENT DANS 19 PAYS. EXPLOITE 13 MODES DE TRANSPORT DIFFÉRENTS, 22 RÉSEAUX DE TRAMWAY DANS LE MONDE.

« UN DÉPLACEMENT DEVRAIT POUVOIR ÊTRE PAYÉ EN LIGNE ET EN UNE SEULE FOIS, QUELS QUE SOIENT LES DIVERS MODES DE TRANSPORT UTILISÉS. »

Les plateformes multimodales devraient aussi être capables de simplifier le paiement, aujourd'hui beaucoup trop compliqué. Un déplacement devrait pouvoir être payé en ligne et en une seule fois, quels que soient les divers modes de transport utilisés. » À Helsinki, la start-up MaaS (« Mobility as a Service ») propose déjà une application permettant de choisir et de régler en ligne n'importe quel type de transport, du bus au Vélib' en passant par le taxi et même les véhicules particuliers partagés.

Sur un trajet Paris-Marseille, pourrait-on imaginer pouvoir réserver et payer en une fois le taxi ou la navette jusqu'à la gare ou l'aéroport, le TGV ou le vol, et enfin le taxi ou tout autre moyen à l'arrivée ? Techniquement très complexes à développer, parce que nécessitant de traiter en temps réel des millions de données issues de systèmes différents, de telles solutions soulèvent aussi des enjeux économiques considérables.

« Comme les autres opérateurs de transport, Transdev dispose d'une masse considérable de données sur ses propres services mais rien ou presque sur ceux de ses concurrents. La connexion de tous les acteurs et le partage de leurs données sont indispensables. Culturellement, ce n'est pas toujours simple mais l'économie numérique a montré que si l'on ne bouge pas, nous serons débordés par les géants d'Internet, ou même par des start-up décomplexées qui proposeront un autre modèle. »

Imaginons de gigantesques bases de données où tous les acteurs du transport partageraient leurs informations à l'échelle d'une ville, d'une région, d'un pays, et même de l'Europe. Qui gérerait ces données ? Qui y aurait accès ? Le modèle développé à Lyon, et défendu dans le projet Opticities, propose une collecte et une gestion des données par les pouvoirs publics (villes, collectivités territoriales) avec une mise à disposition auprès d'acteurs privés pour le développement de services (applications smartphone). « Nous pensons aussi que l'open data, c'est-à-dire la mise à disposition des données auprès de tous les acteurs intéressés, est la meilleure solution, vu les enjeux économiques et le risque que certains acteurs s'arrogent des monopoles », estime Yann Leriche. Comme à Lyon, ces données seraient accessibles grâce à divers types de licences : gratuites sur le modèle du *share-alike* (échange réciproque de données) ou payantes si l'on atteint de gros volumes d'utilisation. « Mais c'est un modèle que les géants d'Internet réfutent. Google réclame par exemple l'accès aux données publiques mais refuse de partager les siennes. »

« L'OPEN DATA, C'EST-À-DIRE LA MISE À DISPOSITION DES DONNÉES AUPRÈS DE TOUS LES ACTEURS INTÉRESSÉS, EST LA MEILLEURE SOLUTION, VU LES ENJEUX ÉCONOMIQUES ET LE RISQUE QUE CERTAINS ACTEURS S'ARROGENT DES MONOPOLES. »

L'open data, en supprimant les barrières d'accès aux données afin de les exploiter pour développer de nouveaux services, représente aussi un risque de constitution de « monopoles naturels » : tels Google, Airbnb, Uber, LinkedIn ou Le Bon Coin dans leur domaine respectif, le premier arrivé, ou celui proposant le meilleur modèle, dispose dès lors d'un avantage déterminant et aspire à lui tout le marché, sans laisser d'espace à la concurrence. « Le risque est réel, admet Yann Leriche. La municipalité d'Helsinki, qui a choisi l'open data, teste ainsi divers modes de régulation, comme c'est déjà le cas dans d'autres secteurs. Une nouvelle économie, fondée sur le partage, se met en place. Il faut lui laisser le temps de trouver son mode de fonctionnement. »

LA VOITURE CONNECTÉE

Et l'automobile ? Elle est, elle aussi, au cœur de la bataille du big data. Car avant de devenir autonome, elle devra être connectée, à la route, à la ville, aux autres véhicules, à la planète entière, via Internet. En effet, un véhicule connecté, c'est une carte SIM (une ligne téléphonique GSM) et une connexion Internet. « Via le smartphone, la plupart des véhicules sont aujourd'hui déjà connectés, remarque Gabriel Plassat, de l'Agence de l'environnement et de la maîtrise de l'énergie (Ademe). En se déplaçant, ils envoient une quantité considérable d'informations à Google, s'ils utilisent Android, ou à Apple, avec iOS. Mais les constructeurs automobiles développent leurs propres systèmes pour tenter de conserver une partie du marché. »

« Les services connectés vont représenter une part croissante dans l'économie de l'automobile, confirme Brigitte Courtehoux, à la tête de l'unité Services connectés et mobilités de PSA. Tous les constructeurs investissent dans ce secteur et c'est l'un de nos axes de développement majeurs. » Pionnier du véhicule connecté, le groupe français a été l'un des premiers à proposer, dès 2003, un système d'alerte automatique en cas d'accident : 1,8 million de véhicules en sont équipés. Depuis, il multiplie les services, comme le *tracking*, qui permet de localiser le véhicule sur le smartphone et de recevoir une alerte s'il se déplace de façon inattendue, ou un système de « clé électronique » qui permet de déverrouiller le véhicule avec son smartphone et donc de le prêter à un utilisateur choisi, sans échange de clé.

« De nombreux services se développent dans le domaine de la sécurité et de la maintenance, poursuit Brigitte Courtehoux. Les véhicules envoient des informations et des alertes aux ateliers qui peuvent anticiper un problème ou proposer au client un rendez-vous pour une révision. Bientôt, des opérations de

PSA

PSA PEUGEOT CITROËN, GROUPE FONDÉ EN 1976, RÉUNISSANT DEUX MARQUES HISTORIQUES : PEUGEOT (1810) ET CITROËN (1919). DEUXIÈME CONSTRUCTEUR AUTOMOBILE EN EUROPE. CONSACRE 8 % DE SON CHIFFRE D'AFFAIRES À LA RECHERCHE ET AU DÉVELOPPEMENT.

« UN VÉHICULE CONNECTÉ, C'EST UNE CARTE SIM ET UNE CONNEXION INTERNET. »

ECALL : LE SOS AUTOMATIQUE

En 2018, tous les véhicules neufs vendus dans l'Union européenne devront être équipés d'un système d'appel d'urgence automatique, le système *eCall*, un service public interopérable dans toute l'Europe. Composé d'une carte SIM et d'un GPS, il permettra, en cas d'accident, d'appeler les secours en appuyant simplement sur le bouton SOS du tableau de bord. *eCall* pourra se déclencher seul s'il détecte une situation d'urgence (choc, déclenchement des airbags). Grâce au GPS, les secours connaîtront immédiatement la localisation et le type du véhicule, le carburant utilisé et même le nombre de passagers (grâce aux alertes des ceintures de sécurité), ce qui devrait réduire le temps d'intervention de 40 à 50 %. Mais le système a été critiqué : le GPS permettrait tout autant de traquer et surveiller en permanence le déplacement de l'ensemble des véhicules européens, ce que l'UE s'est engagée à ne pas faire.

maintenance pourront même être effectuées à distance : comme sur un ordinateur, les mises à jour du système pourront se faire sans passage à l'atelier. C'est une démarche qui peut sembler intrusive et nous n'activons ces services qu'à la demande expresse du client. Dans les faits, rares sont ceux qui les refusent. »

Deuxième grande catégorie de services connectés : la cartographie et les outils de navigation, un domaine stratégique où la bataille fait rage entre les constructeurs automobiles et les compagnies d'Internet (Google Maps, Waze). « En 2013, Google a racheté Waze pour 1 milliard de dollars, rappelle Benjamin Frayssinet, du bureau d'études Chronos. Cette application propose une cartographie et des analyses de trafic uniquement fournies par les utilisateurs. Sans investir dans un seul capteur, Waze est capable de donner des informations relativement précises en traquant en permanence votre téléphone. » Google est déjà l'entreprise au monde connaissant le mieux nos habitudes, nos centres d'intérêt, notre vie privée. Bientôt, elle saura tout de nos déplacements. Les enjeux sont colossaux, comme en témoigne le rachat du service de navigation Here par un consortium automobile allemand pour près de 3 milliards d'euros.

« Chez PSA, nous avons décidé de proposer une option ouverte, commente Brigitte Courtehoux. Nos véhicules proposent leur propre système de navigation, développé en partenariat avec TomTom ; mais, grâce à une fonction qui permet d'afficher le smartphone sur l'écran de la voiture, le conducteur peut utiliser un autre service, dans des conditions plus confortables que sur son téléphone. À lui de choisir. Cette fonction permet également d'accéder à tous les services d'information et de divertissement (musique, jeux, vidéos) disponibles sur smartphone. Dans ce domaine, il nous a semblé inutile de réinventer pour la voiture tout ce qui existe déjà ailleurs. »

WAZE

APPLICATION DE TRAFIC ET DE NAVIGATION, CRÉÉE EN 2008. REPOSE SUR UN PRINCIPE COLLABORATIF, LES CONDUCTEURS PARTAGEANT EN TEMPS RÉEL L'ÉTAT DU TRAFIC ET DES ROUTES.

En 2015, PSA a conclu un surprenant contrat de partenariat avec IBM. Objectif : développer des services à partir de l'exploitation de l'énorme masse de données enregistrée par les véhicules. Quel type de services ? « C'est encore en phase expérimentale, reconnaît Brigitte Courtehoux. Les données automobiles donnent beaucoup d'informations, sur la sécurité ou l'amélioration du trafic, qui intéressent les villes. L'analyse du déclenchement de l'ABS permet par exemple d'identifier les croisements à risque. »

« Un système automobile évolué sait beaucoup de choses sur la route, la circulation, la mécanique mais aussi sur le conducteur, estime Guillaume Devauchelle, directeur de l'innovation de Valeo. Il connaît ses habitudes, ses trajets, ses horaires, il sait s'il conduit de façon agressive ou plus calme, s'il est fatigué le soir en rentrant du travail... Ces informations attirent l'attention de beaucoup de monde, comme les assureurs, qui pourraient moduler leurs tarifs selon votre profil de conduite. » Vie privée, confidentialité des données, anonymat, sécurisation : l'automobile se retrouve au cœur des débats qui agitent l'économie numérique.

« CE N'EST PLUS DANS LES GRANDS SALONS AUTOMOBILES DE DETROIT, GENÈVE, FRANCFORT OU PARIS QUE LA VOITURE DÉVOILE SON FUTUR, MAIS AU CONSUMER ELECTRONICS SHOW DE LAS VEGAS. »

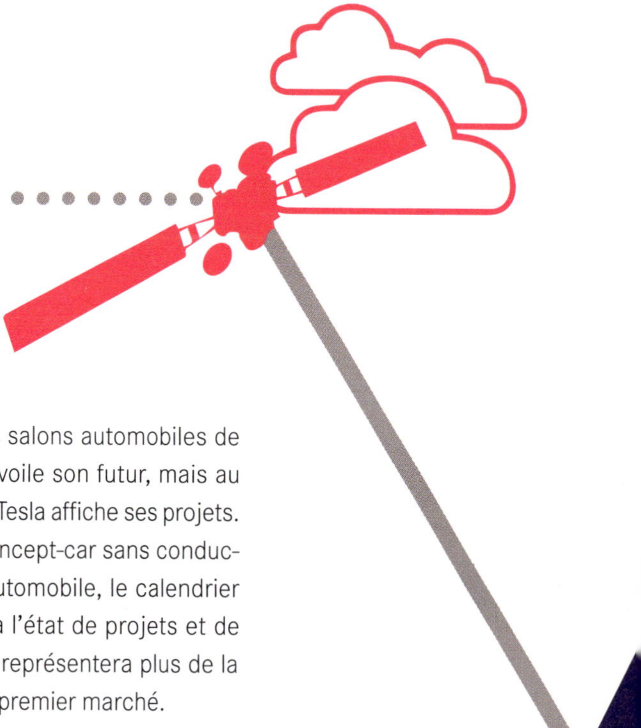

LA VOITURE AUTONOME

Désormais, ce n'est plus dans les grands salons automobiles de Detroit, Genève, Francfort ou Paris que la voiture dévoile son futur, mais au Consumer Electronics Show de Las Vegas. C'est là que Tesla affiche ses projets. Ou que Mercedes a présenté en 2015 son futuriste concept-car sans conducteur. Depuis l'irruption de Google dans la conduite automobile, le calendrier s'accélère. La voiture autonome n'existe encore qu'à l'état de projets et de prototypes, mais on nous prédit déjà qu'en 2030 elle représentera plus de la moitié des véhicules vendus. Et que la Chine sera son premier marché.

Où nous emmèneront les voitures sans volant ni pédales ? Nul ne le sait. Mais on affirme qu'elles conduiront bien mieux que nous : 25 000 personnes meurent chaque année sur les routes européennes et 90 % des accidents ont pour origine une défaillance humaine. « Les capteurs ne somnolent jamais, ils ne sont jamais distraits, ils ne boivent pas le samedi soir. Ils devraient donc améliorer significativement la sécurité », assure Guillaume Devauchelle La voiture autonome devrait aussi conduire plus sobrement et pourrait générer 30 % d'économies d'énergie. Certains pans de l'économie seront-il alors voués à disparaître, comme les amendes pour excès de vitesse et autres infractions au code de la route ? Les carrossiers auront moins de travail. Certains prédisent la fin des feux rouges ; mais comment feront les vélos ? Un monde nouveau va se mettre en place, mais on ne sait pas du tout à quoi il va ressembler.

Le véhicule autonome a déjà une longue histoire. Lors de l'Exposition universelle de New York, en 1939, General Motors présente un fascinant projet de voiture télécommandée roulant sans chauffeur. « Voilà le monde de 1960 », annonce le constructeur. La même année, en France, Citroën élabore les prototypes de sa future 2 CV, qui ne sera produite qu'après guerre, en 1948. Dans les

GOOGLE

FONDÉ EN 1998, LE GÉANT AMÉRICAIN ANNONCE EN 2010 UN PREMIER SYSTÈME DE PILOTAGE AUTOMATIQUE AU MOYEN DE RADARS, CAMÉRAS VIDÉO ET GPS. LA GOOGLE CAR CIRCULE DEPUIS 2015.

VOITURE AUTONOME : COMMENT ÇA MARCHE ?

Une série de capteurs de technologie avancée permet au véhicule d'évaluer son environnement.

Une caméra suit le marquage au sol, lit les informations (panneaux de signalisation, feux rouges), repère les croisements, détecte les autres véhicules, les piétons, les cyclistes, les animaux errants, les obstacles imprévus, etc. Un dispositif à infrarouge supplémentaire assure la visibilité nocturne. Les caméras sont encore sensibles au climat et peinent à lire les informations en cas d'intempéries.

Des radars déterminent la vitesse de déplacement des autres véhicules, à l'avant comme à l'arrière.

Des lidars (radars laser) « scannent » l'environnement proche et tous les objets en déplacement pour établir une carte 3D dynamique autour du véhicule.

Des capteurs ultrasons détectent les objets et obstacles proches du véhicule. Ils lui permettent, par exemple, de manœuvrer et de se garer seul dans un espace réduit.

Une cartographie 3D mise à jour en permanence et précise à quelques centimètres près permet de choisir le trajet et d'anticiper sur la topographie.

Un système de communication avec l'environnement proche (dit V2X, « vehicle-to-everything ») permet d'échanger des informations avec les autres véhicules et l'infrastructure routière (feux rouges) dans un rayon d'environ 800 mètres. Le véhicule peut par exemple adapter sa vitesse pour arriver au croisement quand le feu passe au vert.

Un système informatique embarqué contrôle le véhicule et prend toutes les décisions (accélérer, ralentir, freiner, tourner, dépasser).

Les décisions de l'algorithme s'appuient notamment sur une redondance de l'information : si la caméra détecte un panneau de vitesse limitée à 110 km/heure et que la cartographie confirme l'information, le véhicule adapte sa vitesse.

années 1950, le géant américain poursuit ses travaux sur des modèles guidés par un câble enfoui sous la chaussée. Puis ces câbles sont remplacés par des capteurs qui envoient les informations au véhicule. C'est l'option de la « route intelligente », qui a eu longtemps ses partisans. À Rotterdam, aux Pays-Bas, Transdev exploite depuis 2009 des navettes autonomes, elles aussi guidées par une chaussée équipée. Un procédé sûr et fiable, adapté aux transports en commun qui suivent toujours le même trajet. Mais pour passer aux véhicules particuliers, dont les trajets ne sont pas prévisibles, il faudrait équiper l'ensemble du réseau, soit enfouir des milliards de capteurs sous des millions de kilomètres de routes pour un coût prohibitif.

Place, donc, à la « voiture intelligente », capable de se déplacer de façon autonome en analysant elle-même, grâce à ses caméras, ses lasers, ses radars, les trajets, les virages, les carrefours, les feux rouges. Dans les années 1980, Mercedes fait rouler sur circuit un véhicule équipé de caméras programmées pour suivre les lignes blanches. En 1995, une autre Mercedes effectue un trajet de 150 kilomètres entre Munich et Odense, au Danemark. Un exploit réalisé sur autoroute, un environnement relativement protégé. À l'époque, il n'est pas encore question d'insérer les véhicules autonomes dans le chaos d'une circulation urbaine, avec les piétons surgissant à l'improviste, les scooters se faufilant dans le trafic et les véhicules déboîtant sans clignotant

Malgré ces expériences, et d'autres menées au Japon ou aux États-Unis, au début du XXIe siècle, il y a quinze ans, le véhicule autonome relève toujours de la science-fiction. Mais la robotique est en plein essor. Les militaires utilisent des drones et des robots de déminage qui trouvent très vite des applications civiles. Aux États-Unis, le DARPA (Defense Advanced Research Projects Agency – Agence

« PLACE À LA VOITURE INTELLIGENTE, CAPABLE DE SE DÉPLACER DE FAÇON AUTONOME EN ANALYSANT ELLE-MÊME, GRÂCE À SES CAMÉRAS, SES LASERS, SES RADARS, LES TRAJETS, LES VIRAGES, LES CARREFOURS, LES FEUX ROUGES. »

SE GARER ? SIMPLE COMME UN COUP DE FIL

Épreuve redoutée du permis de conduire, le fameux « créneau » n'en a peut-être plus pour très longtemps. Désormais, les voitures se garent seules. Les assistances au parking sont apparues il y a une quinzaine d'années : des capteurs à ultrasons, puis des caméras, prévenaient le conducteur de la distance disponible à l'arrière. Puis certains véhicules se sont mis à freiner seuls pour éviter le choc ou les rayures. Sont ensuite apparus des assistants qui indiquaient la manœuvre à suivre : braquer les roues, reculer, redresser. En 2013, Volvo a été l'un des premiers à proposer un véhicule apte à se garer vraiment seul. Depuis, BMW, PSA, Mercedes et d'autres commencent à équiper leurs modèles haut de gamme d'automates de parking toujours plus performants. Baptisé Park4U Remote (« Je me gare pour vous »), l'assistant de l'équipementier Valeo est ainsi capable de réaliser seul un créneau, mais aussi de garer la voiture dans un parking souterrain. Sans personne au volant. Au redémarrage, un « appel » suffit pour faire ressortir la voiture ! Un laser scanner permet au véhicule de se repérer dans l'espace, de détecter un objet en mouvement ou une place libre. Des capteurs à ultrasons et des caméras lui permettent ensuite de braquer, d'accélérer et de freiner. À l'entrée du parking, le conducteur, devenu piéton, suit la manœuvre sur les images retransmises sur son smartphone, tout en gardant le doigt appuyé sur l'écran. S'il le relâche, le véhicule s'arrête aussitôt.

VEDECOM

INSTITUT FRANÇAIS DE RECHERCHE PARTENARIALE PUBLIQUE-PRIVÉE ET DE FORMATION DÉDIÉ À LA MOBILITÉ INDIVIDUELLE DÉCARBONÉE ET DURABLE, CRÉÉ EN 2014.

pour les projets de recherche avancée de défense) cherche le moyen de faire naviguer des vaisseaux, voler des avions, circuler des chars et d'autres véhicules, sans pilote. En 2004, cette agence offre 1 million de dollars à qui saurait faire parcourir à un véhicule vide, sans aucune assistance, un trajet de 230 kilomètres dans le désert de Mojave. La route montagneuse est difficile, pleine de lacets, les lignes blanches sont rares, on est loin de l'autoroute allemande Munich-Odense. Des dizaines de centres de recherche et des centaines d'étudiants se lancent. Il y aura une centaine de projets : des camions, des voitures, et même une moto. Aucun ne fait plus de 15 kilomètres. Mais le DARPA propose aux équipes d'analyser leurs erreurs et relance le défi en doublant la mise en 2005. Sur les 200 projets concurrents, cinq finissent l'épreuve. Le plus rapide, et vainqueur du challenge, est le projet de l'université de Stanford, dirigé par un chercheur en informatique, Sebastian Thrun. Trois ans plus tard, Thrun rejoint Google avec une équipe recrutée parmi les défis DARPA.

Les voitures autonomes de Google ont désormais roulé plus de 3 millions de kilomètres. Sur autoroute d'abord, puis sur route et en ville, au fur et à mesure des autorisations. Il s'agissait au départ de voitures de série (Toyota, Audi) affublées d'une hideuse tourelle abritant caméras et lasers sur le toit. Puis les capteurs se sont faits de plus en plus discrets. En 2014 est apparue la surprenante Google Car, un « pot de yaourt » à deux places, sans volant ni pédales, et dont la vitesse limitée à 40 km/heure semble clairement viser les déplacements urbains. Elle roule depuis sur des sites fermés (campus, parcs d'entreprises, bases militaires), mais aussi sur voie ouverte, en Californie.

« Jusqu'à très récemment, la technologie n'était pas vraiment mûre, estime Jean-Laurent Franchineau, directeur du programme écomobilité de VeDeCom, un

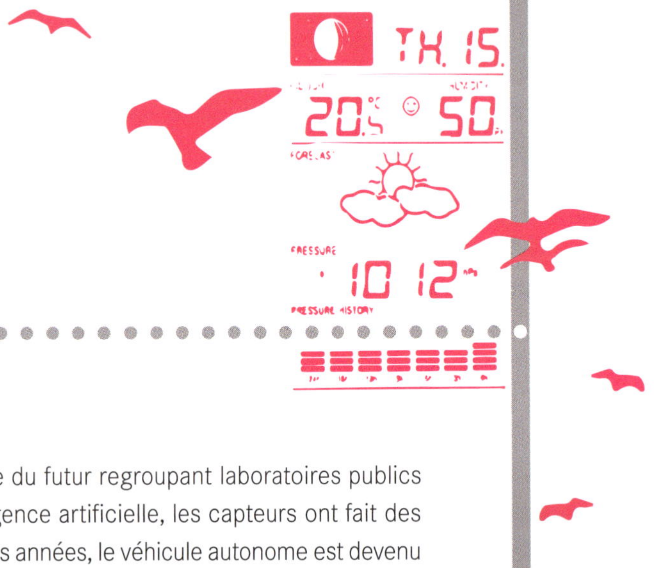

institut de recherche sur le véhicule du futur regroupant laboratoires publics et industriels. La robotique, l'intelligence artificielle, les capteurs ont fait des progrès considérables et, en quelques années, le véhicule autonome est devenu l'un des projets majeurs des constructeurs. » Son fonctionnement repose largement sur l'adaptation de technologies avancées développées dans le domaine militaire (pour les drones par exemple) et l'aéronautique : caméras ultra-précises, reconnaissance de forme, lidars (télédétecteurs laser), radars pour évaluer l'environnement proche

Des difficultés persistent encore : les caméras sont par exemple toujours sensibles au climat. La pluie ou la neige brouillent l'image et leur capacité de reconnaissance. La recherche-développement porte à la fois sur le perfectionnement des capteurs, l'analyse des informations, la cartographie dynamique, et l'intelligence artificielle. Google ou Tesla affirment avoir roulé plusieurs millions de kilomètres avec leurs véhicules autonomes. Partis plus tard, les grands constructeurs automobiles approchent les centaines de milliers de kilomètres.

Il faut accumuler les kilomètres pour nourrir l'intelligence artificielle, analyser les réactions du programme dans les situations les plus imprévues. Un logiciel respectant strictement le code de la route va, par exemple, stopper brutalement à un carrefour pour céder la priorité. Il doit apprendre à circuler de façon plus fluide, à estimer s'il doit s'arrêter ou si l'autre véhicule, quoique prioritaire, lui cède le passage. Comme un jeune conducteur, il doit faire son apprentissage. « Les algorithmes de prise de décision s'affinent, raconte Jean-Laurent Franchineau. L'objectif est, qu'en toutes circonstances, ils engagent l'action la plus sûre et efficace : si un obstacle surgit,

LES CARTES DYNAMIQUES

Le bon vieux GPS pourra bientôt rejoindre le Minitel à la cave. Pour circuler, le véhicule autonome aura besoin de plans capables de localiser virages, carrefours, barrières de péage et autres feux rouges à quelques centimètres près. Ces cartes devront être actualisées en permanence pour localiser les innombrables changements intervenant sur la voirie : travaux, changements de circulation, nouveaux ronds-points…
Google continue d'investir massivement pour améliorer ses services Google Maps, parmi les plus performants du marché ; mais l'industrie automobile n'a pas l'intention de lui laisser le champ libre. En 2015, un consortium allemand réunissant Audi, BMW et Mercedes a déboursé 2,8 milliards d'euros pour racheter Here, un logiciel de cartographie détenu par Nokia et très utilisé dans l'automobile. L'équipementier Bosch développe pour sa part un partenariat avec TomTom, Uber rachète des sociétés aux États-Unis et en Europe…
Il ne s'agit que d'une première étape. Ces cartes ultra-précises permettront à la voiture autonome de calculer son trajet, d'anticiper les croisements et les carrefours mais, pour circuler, il lui faudra une image encore plus fine de son environnement proche : où sont les véhicules qui l'entourent, à quelle vitesse approchent-ils, vont-ils s'arrêter au croisement ? Un système de wifi étendu, dit V2X (« vehicle-to-everything »), permet déjà d'échanger des informations avec les autres véhicules et l'infrastructure routière (feux rouges) dans un rayon d'environ 800 mètres. Le véhicule peut par exemple adapter sa vitesse pour arriver au croisement quand le feu passe au vert. « La réalité physique (la route) se doublera d'une réalité numérique (les véhicules détectés) sur ce que l'on appelle des cartes dynamiques locales (*local dynamic maps*) actualisées en temps réel, précise Jean-Laurent Franchineau, directeur de l'écomobilité à l'institut VeDeCom. À l'écran nous verrons se déplacer les véhicules qui nous suivent, ceux qui sont devant, ceux qui approchent du croisement…
La route va se virtualiser. »

« OUTRE LES PROBLÈMES TECHNIQUES, LA VOITURE AUTONOME SOULÈVE UN NOMBRE CONSIDÉRABLE DE QUESTIONS JURIDIQUES, RÉGLEMENTAIRES, ET MÊME ÉTHIQUES. »

DAIMLER

CONSTRUCTEUR AUTOMOBILE ALLEMAND, FONDÉ EN 1926. POSSÈDE LES MARQUES MERCEDES ET SMART.

faut-il piler ou l'éviter ? Et si l'impact est inévitable, ils doivent être capables en une fraction de seconde de présenter le véhicule sous l'angle qui fera le moins de dégâts. »

Outre les problèmes techniques, la voiture autonome soulève un nombre considérable de questions juridiques, réglementaires, et même éthiques. En 2012, pour convaincre les autorités de l'intérêt de ses projets, Google a permis à une personne aveugle de se rendre dans un centre commercial à bord d'un véhicule autonome. Pour des raisons de sécurité, elle était tout de même accompagnée d'un technicien qui n'est pas intervenu pendant le trajet. Verra-t-on bientôt des enfants, des vieillards, ou pourquoi pas des personnes en état d'ébriété circuler dans des véhicules autonomes ? Seront-ils accessibles à tous sans formalité et le permis de conduire ne sera-t-il plus qu'un vieux souvenir ? Il est encore trop tôt pour le dire, mais l'arrivée d'automatismes de plus en plus nombreux va nécessiter de sérieuses évolutions réglementaires, sur lesquelles planchent des bataillons de juristes. Au niveau international, le code de la route est régi depuis 1968 par la convention de Vienne qui pose, entre autres principes, que le conducteur doit à tout instant « garder la maîtrise du véhicule ». Aujourd'hui, même lorsqu'il utilise des fonctions d'assistance avancées, comme un régulateur de vitesse et un contrôleur automatique de distance, le conducteur doit ainsi manifester qu'il reste attentif en posant par exemple régulièrement les mains sur le volant.

« La nouvelle Mercedes Classe E, apparue fin 2015, intègre des fonctions d'autonomie de niveau 3, commente Thomas Jaeger, responsable de la recherche et du développement chez Daimler. Elle peut se garer ou circuler seule sur autoroute en respectant les distances et en adaptant sa vitesse, mais sans dépasser ni changer de voie. Pour des raisons réglementaires, le conducteur doit montrer

sa vigilance en touchant le volant toutes les dix secondes. S'il ne le fait pas, il y a plusieurs alertes, puis le véhicule ralentit et s'arrête. »
La sécurité est l'un des arguments phares de la voiture autonome. Mais amélioration de la sécurité ne signifie pas sécurité absolue : le 7 mai 2016, le véhicule autonome a connu son premier accident mortel, sur une route de Floride, lorsqu'une Tesla s'est écrasée contre un camion qui lui coupait la route, sans qu'elle l'ait détecté. Un coup dur pour la voiture autonome ? Sans doute. Elle connaîtra inévitablement d'autres drames. Mais qui sera responsable lorsqu'un véhicule conduit par un algorithme provoquera un accident ? La question fait débat chez les juristes et les assureurs. Chez Tesla, on estime que la fonction Autopilot étant en version bêta, c'est-à-dire provisoire, le conducteur, qui doit signer une décharge, est responsable. Volvo est le premier constructeur à avoir fait le choix inverse en décidant que sur un véhicule autonome sa responsabilité serait engagée. Les assureurs se préparent donc à un basculement : à l'avenir, il est possible que les utilisateurs ne soient plus assurés individuellement, mais que le matériel (les véhicules) soit assuré par les constructeurs.
Avant de disparaître totalement, volants et pédales ont encore quelques belles années devant eux. La National Highway Traffic Safety Administration, une agence fédérale américaine qui dépend du département des Transports, a établi un classement du véhicule autonome en cinq niveaux. Au niveau 0, le conducteur s'occupe de tout ; au niveau 5, il peut regarder la télé pendant que le véhicule se faufile dans la circulation. Entre les deux, il délègue, provisoirement ou en permanence, certaines fonctions à sa voiture.
L'Union européenne a annoncé, en mars 2016, une révision de la convention de Vienne, qui régule la circulation automobile depuis 1968 : « À compter de ce jour,

les systèmes de conduite automatisée seront autorisés sur les routes, à condition qu'ils soient conformes aux règlements des Nations unies sur les véhicules ou qu'ils puissent être contrôlés, voire désactivés par le conducteur. » « Notre objectif est de proposer des véhicules avec un niveau 3 d'autonomie dès 2018 », affirme Carla Gohin, directrice de la recherche, de l'innovation et des technologies avancées du groupe PSA. Ce niveau d'autonomie permet au conducteur de céder le contrôle complet de la voiture, dans certaines conditions de circulation et météorologiques. Le classement des niveaux d'autonomie est précis : « Le véhicule est capable de détecter un changement de ces conditions ne lui permettant plus d'assurer son autopilotage, et d'informer son conducteur pour qu'il puisse reprendre le contrôle du véhicule dans un laps de temps confortable. » Imaginez-vous au volant, en train de consulter votre smartphone ou de lire le journal, tout en vous tenant prêt à reprendre le contrôle de votre voiture dès qu'elle vous le demandera. Ce niveau 3 est d'ores et déjà annoncé pour 2018 sur la prochaine 508 de Peugeot. En 2015, PSA a déjà réalisé son premier trajet en autonomie sur route ouverte entre Paris et Bordeaux avec un Picasso C6. Depuis, le constructeur a accumulé plus de 50 000 kilomètres en France, en Espagne, aux Pays-Bas… Il s'agit notamment d'améliorer l'interface entre l'homme et la machine, sachant que le temps nécessaire pour que le chauffeur se retrouve pleinement concentré sur la conduite varie beaucoup selon les individus et le type d'activité qu'ils effectuaient au moment de l'alerte. PSA multiplie les tests sur simulateur, comme en aéronautique. Le constructeur place les utilisateurs dans tous les cas de figure imaginables et étudie leurs réactions selon le temps et les types d'alerte : visuelle, sonore, vocale…

« UN NIVEAU 3 D'AUTONOMIE DÈS 2018. »

À quoi pourrait ressembler un véhicule autonome, dans quinze ou vingt ans ? Jusqu'ici, les prototypes autonomes sont dérivés de véhicules classiques ou ressemblent à des pots de yaourt bardés de technologie. Début 2015, Mercedes a présenté le premier concept-car entièrement pensé en fonction des possibilités offertes par une autonomie totale.

« Nous avons travaillé trois ans sur ce projet en intégrant pour la première fois des chercheurs, des sociologues ou des urbanistes à nos équipes d'ingénieurs et de designers, explique Thomas Jaeger, responsable de la recherche et du développement chez Daimler. Les idées les plus folles sont sorties des brainstormings et nous avons choisi celles qui semblaient les plus réalistes. Cette voiture ne sera jamais produite mais certaines de ses innovations se retrouveront peut-être dans le futur. »

La F 015 semble tout droit sortie d'un film de science-fiction : une longue flèche d'argent posée sur quatre grandes roues et bardée de LED qui scintillent, clignotent et changent de couleur en fonction des actions engagées par la voiture. Sous le capot, un moteur hybride, alliant pile à combustible et batteries électriques, assure une autonomie supérieure à 1 000 kilomètres et une vitesse de 200 km/heure. Un QR Code lumineux fait office de plaque minéralogique. Quand elle détecte un piéton, la voiture signale qu'elle va s'arrêter, ses lasers projettent un passage piéton virtuel sur le sol et une voix sort de la calandre : « Vous pouvez traverser. »

Les quatre portières glissent automatiquement pour découvrir un luxueux salon futuriste : quatre sièges posés sur un parquet se font face autour d'une table basse escamotable. Les passagers avant tournent le dos à la route : nous sommes bien dans un véhicule sans conducteur. « Pour l'aménagement intérieur, la ligne directrice a été : "La vie ne s'arrête pas en entrant dans la voiture", précise Thomas Jaeger. Le voyage n'est plus une corvée, une parenthèse fastidieuse. La voiture devient un lieu de vie comme un autre, où l'on poursuit ses activités : discuter ou déjeuner avec ses amis, travailler, regarder un film ou les infos, écouter de la musique. »

Dans les portières et sur le tableau de bord, six grands écrans tactiles offrent l'accès à de nombreux services et permettent de communiquer avec le véhicule : il suffit de les effleurer pour ralentir, accélérer ou demander un arrêt. Les sièges avant peuvent pivoter pour se retrouver face à la route. Et l'on découvre alors un volant, un pédalier et un tableau de bord entièrement tactile, sans le moindre bouton. Car, s'il le souhaite, le passager peut prendre le contrôle et conduire à sa guise. À quoi bon un volant sur un véhicule autonome ? « C'est peut-être une vision conservatrice mais nous pensons que conduire pourrait rester un plaisir, estime Thomas Jaeger. Pourquoi s'en priver ? Cela a fait l'objet de longues discussions dans l'équipe. À vrai dire, il nous était difficile d'imaginer une Mercedes sans volant. »

« CONFIER SA SÉCURITÉ À UNE MACHINE N'EST PAS UNE EXPÉRIENCE BANALE. EN FRANCE, SEULS 37 % DES CONDUCTEURS SE DISENT PRÊTS À LÂCHER LE VOLANT. EN CHINE, ILS SONT 90 %. »

Confier sa sécurité à une machine n'est pas une expérience banale : « Au début, il y a forcément une certaine appréhension, qui s'estompe peu à peu, confie Carla Gohin. Pour améliorer l'acceptabilité, il faudra peut-être passer par un apprentissage. Des modules « conduite en autonomie » pourront être proposés dans les écoles de conduite. Le véhicule autonome suscite beaucoup de curiosité et d'étonnement, mais les enquêtes montrent que l'acceptabilité varie énormément d'une région du monde à l'autre. » En France, seuls 37 % des conducteurs se disent prêts à lâcher le volant. En Chine, ils sont 90 %.
Au Japon, la société Robot Taxi commence à tester des taxis sans chauffeur. Pour le moment sur des trajets simples (d'un quartier résidentiel vers un supermarché, par exemple) et avec un « conducteur », qui ne touche pas le volant, mais qui est là « au cas où ». Elle a même proposé ses services aux chefs d'État lors du dernier sommet du G7 d'Ise-Shima, en mai 2016. Objectif : disposer d'une flotte de taxis autonomes pleinement efficaces pour les Jeux olympiques de Tokyo, en 2020. Pas demain, mais presque.

A
a
B'
P
C
D'
E
F'
M
SAVOIE-TECHN

II/III

MOBILITÉ DURABLE

Dans la course à la mobilité durable, les Coréens seront peut-être les premiers. En 2030, les automobilistes de l'île de Jeju seront au volant de quelque 330 000 voitures électriques, alimentées par une énergie produite localement grâce au vent, à la mer et au soleil. Ce choix d'un système électrique intelligent résulte d'une politique volontariste des élus, soucieux d'optimiser la consommation tout en réduisant la facture, d'environ 10 à 15 % selon des premières estimations. L'île de 600 000 habitants pourrait devenir un exemple réussi de lutte contre le réchauffement climatique. Une bonne raison pour les nombreux touristes japonais et chinois de continuer à choisir cette destination pour des voyages de noces décarbonnés.
De son côté, la Californie inaugure une voie d'autoroute réservée aux poids lourds : les camions hybrides sont équipés d'un moteur à combustion interne et d'un moteur électrique, alimenté par l'énergie de freinage ou par des câbles aériens. La technologie eHighway, développée par l'allemand Siemens, est testée sur 2 kilomètres, non loin de Los Angeles, mais aussi au nord de Stockholm, en Suède.

En Europe aussi, des villes, des régions et des États luttent contre les effets néfastes des transports sur le climat et la santé. Certaines villes, comme Växjö en Suède, se sont mises au vert dès les années 1970 : les bus de la ville roulent au biogaz issu des déchets organiques des habitants, les vélos disposent d'un réseau élaboré de pistes cyclables, les taxis fonctionnent grâce à des énergies alternatives. La capitale du Danemark, Copenhague, a aménagé des « autoroutes » dédiées aux vélos et reliant ses banlieues à son centre-ville, sur une dizaine de kilomètres : les cyclistes disposent d'une chaussée qui leur est réservée, et même de stations-service avec pompes à vélo et rustines ! Ailleurs, en Norvège par exemple, les habitants s'équipent en voitures électriques – une voiture achetée sur trois est désormais électrique – et le gouvernement songe sérieusement à interdire les ventes de voitures à essence d'ici à 2025.

Une des initiatives les plus spectaculaires vient sans doute de la ville espagnole de Pontevedra qui, il y a quinze ans, a changé ses priorités urbaines. Le maire a développé une politique de limitation du trafic automobile pour rendre le cœur de la ville aux piétons. L'accès motorisé au centre-ville est restreint, avec des limitations de vitesse à 20 ou 30 km/heure. Finis, les embouteillages, les slaloms entre les véhicules mal garés sur les trottoirs, l'air vicié. Aujourd'hui, avec plus de 70 % des déplacements effectués à pied, la pollution de l'air a diminué de plus de moitié. Et la ville est accessible à tous, y compris aux plus vulnérables : personnes handicapées, seniors et enfants. Cité par mobilicites.com, le maire assume sa « volonté et [son] courage politique » : « J'ai passé un deal avec les habitants. S'ils revenaient habiter en centre-ville, ils trouveraient tous les commerces et les services de proximité dont ils ont besoin. Par ailleurs, je n'autorise aucune implantation de grandes surfaces en périphérie. »

Dans l'hypercentre, plus de trottoirs, la voie est d'un seul niveau ; bancs, aires de jeux et espaces verts peuplent l'espace public. Dans les rues accessibles aux voitures, l'espace dédié aux piétons a été doublé. L'idée : que deux personnes munies d'un parapluie ouvert ou d'une poussette puissent se croiser sans se gêner. Dernier volet de cette politique, l'information concernant la zone piétonne. Dénommée « Metrominuto », elle se présente comme un plan de métro, afin d'inciter les habitants à se déplacer à pied. Une vingtaine

PONTEVEDRA

VILLE CÔTIÈRE DE GALICE, AU NORD-OUEST DE L'ESPAGNE, 83 000 HABITANTS. DISTINGUÉE PAR PLUSIEURS PRIX INTERNATIONAUX POUR SON URBANISME, SA QUALITÉ DE VIE, SON ACCESSIBILITÉ ET SA POLITIQUE DE MOBILITÉ.

d'itinéraires sont proposés sur une carte qui précise les temps de parcours, le nombre de pas et les bienfaits pour la santé. Le vélo aura bientôt sa carte et sa place dans ce dispositif alternatif. Les travaux longs et coûteux n'ont, semble-t-il, pas découragé les habitants : le maire a été réélu – jusqu'en 2019 – pour la quatrième fois.

Tout électrique à Jeju, zéro voiture à Pontevedra, priorité aux vélos à Copenhague, voies sur berges piétonnes à Paris : chaque ville invente ses bonnes pratiques. À l'aune de ces initiatives, on pourrait croire que le futur est déjà écrit, avec des solutions relativement simples, même si elles ne sont pas toujours exportables. Mais c'est compter sans la complexité des systèmes de transport, les particularismes locaux de déplacement et les besoins économiques de la plupart des grands pays et de leurs métropoles.

« LES MÉTROPOLES SONT-ELLES PRÊTES À EXPÉRIMENTER DE NOUVELLES PRATIQUES ? »

DES VILLES SOUS PRESSION

Les transports arrivent en tête des émissions de gaz à effet de serre (GES), avec 29 % des émissions constatées en 2015. Elles proviennent quasi exclusivement du transport routier (93 %) et, pour une grande majorité, des voitures particulières. « Entre 2014 et 2015 les émissions de GES du transport ont progressé de 0,9 %, constate la Commission des comptes des transports de la nation. Cette progression résulte d'une augmentation du trafic routier, qui n'a pas été compensée par le développement des biocarburants, de l'électromobilité, ou par la baisse des émissions conventionnelles des nouveaux véhicules. Cette augmentation intervient après dix années consécutives de baisse. » « Nous sommes en train de vivre un électrochoc écologique », affirme Patrick d'Humières, président de l'Institut RSE, enseignant à l'École centrale de Paris. Ce qui était une alerte de militants est devenu une réalité scientifique soutenue, depuis peu, par une prise de conscience politique et citoyenne. « L'avenir de 7 milliards de personnes est en jeu. Il n'est plus question de frontières », continue-t-il. Si l'on regrette toujours la prudence et la lenteur avec lesquelles les gouvernements se concertent, accordons-leur le crédit de tenter un consensus et d'inciter chaque pays à en prendre sa part. Ainsi, la France s'est engagée, notamment, à diviser par quatre ses émissions de GES d'ici à 2050 pour contenir à moins de 2 degrés la hausse moyenne de la température de la planète.

Le constat est tout aussi édifiant sur le plan de la pollution atmosphérique : le transport routier représente 75 à 100 % des émissions imputables aux transports, selon les polluants. Il est le principal émetteur d'oxydes d'azote (NO_x), de cuivre (Cu), de zinc (Zn) et de plomb (Pb), tous secteurs d'activité confondus. Certes, au fil des années, les émissions d'oxydes d'azote ont diminué grâce au

GAZ À EFFET DE SERRE

LES SIX PRINCIPAUX GAZ À EFFET DE SERRE : DIOXYDE DE CARBONE (CO_2), MÉTHANE (CH_4), PROTOXYDE D'AZOTE (N_2O), HEXAFLUORURE DE SOUFRE (SF_6), HYDROFLUOROCARBONES (HFC) ET HYDROCARBURES PERFLUORÉS (PFC). LE CO_2 ÉMIS LORS DE LA COMBUSTION DES CARBURANTS CONSTITUE L'ESSENTIEL DES GAZ À EFFET DE SERRE ÉMIS PAR L'ACTIVITÉ TRANSPORT (96,6 %).

INSTITUT RSE

SOCIÉTÉ DE CONSEIL EN REPORTING EXTRAFINANCIER ET EN ORGANISATION DES POLITIQUES DE RESPONSABILITÉ SOCIÉTALE DES ENTREPRISES (RSE), CRÉÉE EN 2010.

« APRÈS DIX ANS DE BAISSE, LES ÉMISSIONS DE GAZ À EFFET DE SERRE DUES AUX TRANSPORTS ONT AUGMENTÉ EN 2015. »

renouvellement du parc et à l'introduction progressive des pots catalytiques, mais ces progrès sont limités par l'intensification du trafic et l'augmentation de la part des véhicules diesel, responsables de 80 % des émissions polluantes du transport routier.

La question se pose de façon cruciale dans des villes de plus en plus grandes avec des flux de déplacement accrus. Les métropoles chinoises par exemple, déjà sous pression, contingentent la possession de véhicules, alors que les taux de motorisation sont ceux de la France des années 1950. Et les prévisions ne sont guère réjouissantes : augmentation sur tous les continents des déplacements de banlieue à banlieue, intensification de la circulation de jour comme de nuit pour répondre aux impératifs de services en continu, congestion accentuée. D'ici à 2030, le taux d'urbanisation mondial devrait franchir la barre des 60 %. Le principal souhait des citadins de grandes métropoles est pourtant de diviser par deux les temps de transport quotidiens. Autre observation intéressante qui confirme le caractère si complexe et paradoxal de notre rapport aux mobilités : ces citadins restent dans ces métropoles car ils jugent l'offre de mobilité à nulle autre pareille. Ce qui ne les empêche pas de mettre en cause le revers de la médaille : embouteillages, pollution de l'air et nuisances sonores.

Innover en matière urbaine n'est pas simple. Il faut le plus souvent gérer l'héritage, rendre les cités le plus vivable possible, avec leurs avantages et en travaillant sur leurs inconvénients. Dans tous les cas, l'urgence de passer à des transitions durables devrait nous inciter à agir. Dans la sphère privée, de nombreux gestes quotidiens ne nécessitent plus de se déplacer, que ce soit pour consommer, se cultiver ou entrer en relation avec les autres. Le travail, qui, à lui seul, génère 80 % de nos déplacements quotidiens, est aussi questionné. La

METZ PRÉFÈRE LE METTIS

Ailleurs – à Metz, bientôt à Nîmes et à Bordeaux –, le tram'bus – ou BHNS pour « bus à haut niveau de service » – séduit les édiles et les habitants. Né de l'hybridation entre le tramway et le bus, ce transport collectif offre l'efficacité du tramway – pour un budget jusqu'à trois à cinq fois inférieur – et la souplesse du bus. À Metz, le tram'bus se nomme Mettis, propose deux lignes, et circule en site propre avec priorité aux feux. Il fonctionne avec un moteur hybride diesel-électrique le long des deux parcours et transporte plus de 30 000 personnes par jour, avec une fréquence de quatre à cinq minutes aux heures de pointe. En outre, il est relié à trois parcs relais permettant aux automobilistes de stationner leur véhicule.

SNCF a ainsi expérimenté en Île-de-France la « démobilité » : pour désaturer le trafic aux heures de pointe, le transporteur a incité des entreprises à proposer à leurs salariés de bénéficier d'horaires décalés. L'idée a séduit les usagers franciliens, mais les entreprises sont restées frileuses. Dans le même esprit, le télétravail suscite autant d'espoirs que de prudence. Si quelques grandes entreprises signent des accords, la grande majorité d'entre elles reste sceptique. Cependant, la pression citoyenne, même si elle reste discrète sur le devant des scènes internationales, s'exprime de plus en plus par d'autres moyens. Des associations de conso-voyageurs s'invitent à la table des élus et des institutions lors de la prise des grandes décisions. Sur la Toile, l'opinion publique fait entendre une nouvelle musique. Longtemps cantonnée dans le registre de la critique d'un modèle de société et de ses avatars, elle y ajoute aujourd'hui une partition plus positive. Elle propose, invente, donne à voir des solutions locales. Et, parfois, de ces voix naissent des projets qui transforment notre quotidien, comme le covoiturage ou les pédibus, ces groupes de parents qui, à tour de rôle, accompagnent à l'école, à pied, les enfants d'une rue ou d'un quartier. Personne ne croit à la révolution venue d'une découverte ou d'un véhicule qui remplacerait tous les autres. En termes de mobilité durable, c'est plutôt l'inverse qui prévaudrait. Comme pour l'écologie rapportée à la nature, l'écologie de la mobilité va se jouer sur une biodiversité des moyens de transport.

« PERSONNE NE CROIT À UN VÉHICULE QUI REMPLACERAIT TOUS LES AUTRES. L'ÉCOLOGIE DE LA MOBILITÉ SE JOUERA SUR UNE BIODIVERSITÉ DES MOYENS DE TRANSPORT. »

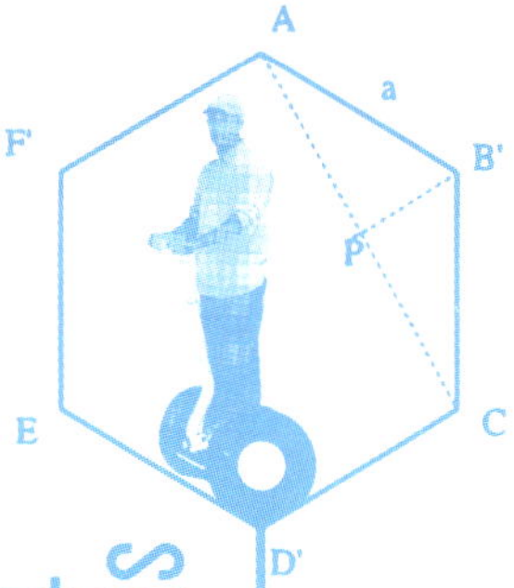

UN COCKTAIL DE MOBILITÉS

Si la voiture domine encore très largement, la marche et le vélo retrouvent les faveurs des citadins. L'enquête nationale transports et déplacements, réalisée tous les dix ans, notait, en 2008, une stabilisation des « modes actifs » après plus de vingt ans de baisse. La marche à pied représentait alors 22 % des déplacements en semaine et le vélo, 3 %. Un chiffre qui masque de grandes disparités d'une ville à l'autre : la part du vélo approchait les 8 % à Strasbourg, quand elle n'était que de 0,4 % à Saint-Étienne.

La pratique est favorisée par les collectivités locales au travers de plans vélos, comme un élément à part entière des PDU (plans de déplacements urbains). Voies dédiées, vélos en libre-service, parcs de stationnement sécurisés, applications GPS, calculateurs d'itinéraires, et même formations pour apprendre, réapprendre ou tout simplement se rassurer : la panoplie de l'incitation est quasi complète pour les déplacements de courte distance.

> « LA MARCHE ET LE VÉLO RETROUVENT LES FAVEURS DES CITADINS. »

Les résultats sont-ils à la hauteur des attentes ? L'agglomération bordelaise mise sur 15 % de déplacements à vélo dans les dix prochaines années. Strasbourg, premier réseau vélo de France, avec près de la moitié de sa voirie aménagée pour les cyclistes, veut doubler la part du vélo pour passer à 20 % d'ici à 2025. Comparé aux autres villes françaises, c'est plus qu'encourageant, mais on est loin derrière Copenhague, Amsterdam et Fribourg, où la part du vélo se situe entre 30 et 40 %.

L'essor viendra peut-être avec les innovations, qui se multiplient tant dans le domaine mécanique que dans le numérique. En France, le vélo à assistance électrique (VAE) fait une belle percée : avec 100 000 modèles en 2015, les

BREST DANS LES AIRS

Si, au sol et sous terre, la ville a été explorée sous toutes ses coutures, certains lorgnent sur les airs. En France, Brest est la première ville à se lancer dans le téléphérique, hors sites de montagne. Toulouse et Orléans étudient de près la question. À l'étranger, notamment en Amérique du Sud, la technologie a fait ses preuves. À Brest, la contrainte était forte : passer d'une rive à l'autre du fleuve sans gêner le passage des nombreux navires militaires. Le téléphérique permet de passer d'une rive à l'autre de la Penfeld en trois minutes sans gêner la circulation, pour un coût bien moindre qu'un tramway sur un nouveau pont.

« PENSER, ORGANISER ET GÉRER LA FLUIDITÉ DU VOYAGE CONSTITUENT UN DES GRANDS DÉFIS À VENIR. »

ventes ont été multipliées par dix par rapport à 2007. Il est aussi apprécié des usagers de vélos utilitaires : biporteurs, triporteurs pour transporter la famille ; vélos cargos et « foodbikes » pour vendre des crêpes à l'arrêt de bus ou le café du matin devant la gare.

Certains reprochent à ce vélo sa lourdeur et le manque d'autonomie de ses batteries, ainsi que la contrainte imposée par l'alimentation électrique. Depuis quelques années, les chercheurs rivalisent d'ingéniosité pour en améliorer les performances sans pour autant nuire à l'environnement : pile à hydrogène, qui recharge le vélo en quelques minutes et prolonge son autonomie, énergie solaire ou encore énergie dégagée par le pédalage ou le freinage.

L'heure est à la fluidité. Les nouveaux voyageurs veulent construire leur parcours avec le moins de contraintes possible, adaptant leur trajet en temps réel pour éviter la congestion. Ils sont en quête d'un voyage « sans couture », où les transitions du train au vélo, en passant par le tramway et la voiture, se feraient simplement. Penser, organiser et gérer cette fluidité constituent un des grands défis à venir.

Les collectivités territoriales l'ont bien compris : les Régions consacrent 20 à 25 % de leurs investissements aux transports, en intervenant notamment sur l'interopérabilité et la complémentarité des dispositifs. En cela, elles s'inscrivent dans un mouvement plus diffus qui porte l'avenir en germe, baptisé le « cocktail de mobilités » par les Américains. Certains s'y emploient déjà.

Le groupe Keolis, par exemple, ne se contente pas d'exploiter des réseaux de transport collectifs. L'opérateur gère également un parc de 16 000 vélos en libre-service ou en location. Il a créé, en 2007, un service d'autopartage,

KEOLIS

OPÉRATEUR DE TRANSPORT PUBLIC DE VOYAGEURS, CRÉÉ EN 2001, FILIALE À 70 % DE LA SNCF. LE GROUPE EST PRÉSENT DANS 16 PAYS, GÈRE LES RÉSEAUX DE 300 AUTORITÉS ORGANISATRICES DE TRANSPORT ET EXPLOITE UNE DIZAINE DE MODES DE TRANSPORT DIFFÉRENTS : MÉTRO, TRAMWAY, TRAIN, BUS, VÉLO, NAVETTES FLUVIALES, VOITURES EN AUTOPARTAGE, NAVETTES AUTONOMES...

DES BUS À AUTONOMIE ILLIMITÉE

À Nice, les bus profitent des arrêts pour recharger leurs batteries. La pause n'est cependant pas bien longue puisqu'il suffit de 10 secondes pour faire le plein d'électricité et rejoindre l'arrêt suivant. Nul besoin de voies dédiées, de caténaires ou de sous-station électrique : le dispositif de stockage et de transfert d'énergie est contenu dans un « totem » installé dans ou près de l'abribus et alimenté par le réseau électrique basse tension. Un bras articulé permet de recharger les supercondensateurs à chaque arrêt en une dizaine de secondes.
La technologie Watt System, développée par le français PVI, a été expérimentée pendant dix-huit mois, de janvier 2015 à juin 2016. Les véhicules de 12 mètres de long ont circulé entre les deux terminaux de l'aéroport, transportant 65 000 passagers sur un total de 12 000 kilomètres. Le bilan carbone est appréciable : 4 400 litres de gazole économisés, soit l'équivalent de 11,4 tonnes de CO_2. Un résultat dont se félicitent les partenaires de l'opération, à laquelle l'Ademe a apporté son soutien financier : PVI, l'opérateur Transdev et l'aéroport Nice-Côte d'Azur. « Sa fiabilité éprouvée nous permet d'envisager le déploiement des solutions Watt System dans d'autres villes françaises », a déclaré Michel Bouton, président fondateur de PVI.

RATP

DEPUIS 1949, LA RATP EXPLOITE LA TRÈS GRANDE MAJORITÉ DU RÉSEAU DE TRANSPORTS COLLECTIFS DE L'AGGLOMÉRATION PARISIENNE : MÉTRO, BUS, TRAMWAY ET RER. ELLE AFFICHE SES AMBITIONS EN MATIÈRE DE DÉVELOPPEMENT DURABLE DANS SON RAPPORT D'ACTIVITÉ POUR 2015.

en partenariat avec la ville de Lille. Son application, PlanBookTicket, permet de préparer son itinéraire, quels que soient les modes de transport, d'acheter ses billets et de les valider.

À Paris, la RATP revendique une « approche systémique de la mobilité », en « considérant le trajet d'un voyageur dans sa globalité, c'est-à-dire de porte à porte ». Cette ambition se concrétise, par exemple, par l'installation de parcs de stationnement pour vélos à côté d'une centaine de stations. En situation d'attente, le voyageur se trouvera, à l'avenir, dans des gares et même des abribus ouverts sur la ville, dotés d'espaces commerciaux et connectés à Internet.

L'ÉLECTRIQUE SE RENOUVELLE

Mais c'est sur le plan énergétique que la RATP s'est fixé l'objectif le plus spectaculaire : en 2025, l'ensemble de la flotte de bus – 4 500 véhicules – roulera à l'électricité (80 %) ou au bioGNV (20 %). Ce renouvellement doit diminuer de 80 % les émissions de gaz à effet de serre et de 50 % le bilan carbone global du réseau. Depuis 2016, une ligne entière est équipée de Bluebus électriques produits par le groupe Bolloré et deux autres lignes testent les technologies proposées par Heuliez Bus (France), Solaris (Pologne), Irizar (Espagne), BYD (Chine), et Dietrich Carebus (France) associé à Yutong (Chine). Ces expérimentations permettront d'évaluer la consommation d'énergie, l'autonomie, le confort pour les voyageurs des solutions conçues par des constructeurs susceptibles de répondre aux futurs appels d'offres.

D'autres pistes environnementales sont explorées, comme la récupération des énergies de freinage du métro, ou la géothermie pour chauffer et climatiser trois stations en construction dans le nord de Paris.

Longtemps, l'innovation énergétique s'est jouée dans le champ clos des véhicules thermiques, entendez les moteurs à explosion qui roulent au pétrole. Ceux-là mêmes que l'on verra encore longtemps sur les routes de France et du monde, puisque certains constructeurs prédisent qu'ils représenteront encore 80 % de la production d'ici à 2020.

Ces vingt dernières années, les constructeurs ont fait des progrès significatifs, réduisant les émissions dans des proportions atteignant parfois 90 %. Ils ont optimisé les moteurs, avec les pots catalytiques et la modification des carburants. Ils promettent encore des efforts pour abaisser les émissions de GES. En 2014, le Parlement européen a adopté une réforme leur imposant de diminuer

BIOGNV

CARBURANT PRODUIT À PARTIR DE DÉCHETS ORGANIQUES, LE BIOGNV POSSÈDE LES MÊMES PROPRIÉTÉS QUE LE GAZ NATUREL. IL PERMET DE RÉDUIRE DE 80 % LES ÉMISSIONS DE GAZ À EFFET DE SERRE PAR RAPPORT À L'ESSENCE ET AU GAZOLE.

« L'AUTONOMIE DES BATTERIES EST AU CŒUR DE LA BATAILLE. LES FIRMES RIVALISENT DE RECHERCHES POUR PRODUIRE LA PLUS PUISSANTE TOUT EN RÉDUISANT SON VOLUME. »

les émissions de CO_2 (dioxyde de carbone) d'ici à 2020 : la norme moyenne par constructeur est fixée à 95 grammes par kilomètre, contre 160 grammes en 2014. La Commission européenne envisage déjà un nouveau seuil – entre 78 et 68 grammes – à l'horizon 2025.

Les constructeurs, en partenariat avec les équipementiers, les industriels de la métallurgie et les écoles d'ingénieurs investissent dans la recherche, en intervenant sur trois paramètres susceptibles de réduire la demande énergétique : la masse, l'aérodynamique et les frottements.

C'est sur la voiture électrique que se portent cependant tous les espoirs. Les outsiders ont lancé le mouvement à l'aube du nouveau millénaire. Bolloré (pour les batteries), Tesla (pour la voiture électrique) et Google (pour la voiture autonome), font figure de pionniers. Tous ont misé sur la voiture électrique. Seul Toyota était déjà dans les starting-blocks et a, du même coup, conservé une longueur d'avance, envisageant même de condamner toutes ses lignes de véhicules à essence d'ici à 2050.

La course à l'innovation est rude. L'autonomie des batteries est au cœur de la bataille. Et les firmes rivalisent de recherches pour produire la plus puissante tout en réduisant son volume. Pour l'instant, des marques avancent jusqu'à 350 kilomètres sur route avec des piles au lithium. D'autres annoncent 600 kilomètres. Mais le sujet est polémique. Le lithium est-il vraiment un élément de mobilité durable, sachant que les ressources sont relativement rares et la production concentrée dans quelques grands pays producteurs comme la Chine, mais aussi la Bolivie, l'Argentine et le Chili (qui forment ce que l'on a baptisé le « triangle du lithium ») ? Après avoir livré fin 2015 le premier prototype de batterie sodium-ion, le réseau français RS2E,

RS2E

RÉSEAU SUR LE STOCKAGE ÉLECTROCHIMIQUE DE L'ÉNERGIE : RÉSEAU DE RECHERCHE ET DE TRANSFERT TECHNOLOGIQUE FRANÇAIS QUI SE CONSACRE AUX DIFFÉRENTS DISPOSITIFS DE STOCKAGE D'ÉNERGIE (BATTERIES RECHARGEABLES, SUPERCONDENSATEURS ET TECHNOLOGIES ALTERNATIVES DESTINÉS À DE NOMBREUX USAGES, DONT LE VÉHICULE ÉLECTRIQUE). LE RÉSEAU RASSEMBLE 17 UNITÉS DE RECHERCHE CNRS/UNIVERSITÉS, 15 PARTENAIRES INDUSTRIELS ET 3 ÉTABLISSEMENTS PUBLICS (CEA, IFPEN ET INERIS).

TREZOR : UN BOLIDE ÉLECTRIQUE

Son profil est celui d'une sportive : elle se propulse à 100 km/h en quatre minuscules secondes et sa puissance est celle d'un bolide de 350 chevaux. Et pourtant, elle est électrique ! Le nouveau concept-car de Renault a été présenté au dernier Mondial de l'auto, en octobre 2016. Le flamboyant Trezor a de quoi susciter les passions. Sa motorisation est issue de celle qui équipe l'écurie de formule E et sa technologie RESS (Rechargeable Energy Storage System) lui permet de récupérer de l'énergie au freinage. Son design n'est pas seulement destiné à faire rêver. Son centre de gravité très bas et la répartition des deux batteries, à l'avant et à l'arrière, soulignent la recherche de performance. Implantées au plus près du sol, les batteries offrent une autonomie de 300 kilomètres et se rechargent à 80 % en deux heures.

Pour en améliorer l'autonomie et le dynamisme, les équipes de Renault ont allégé la masse du véhicule, avec un châssis composé d'une cellule centrale en carbone, complétée par les unités avant et arrière en acier tubulaire, tandis que la caisse et les ouvrants sont en totalité en carbone.

Côté conduite, ce Trezor ouvre la voie de la sportivité électrique et de la conduite autonome connectée. De quoi donner une bonne conscience environnementale aux amoureux de vitesse et de high-tech.

associé au Commissariat à l'énergie atomique, planche sur le passage à l'échelle industrielle. Ses travaux vont peut-être changer la donne. Alors que ses performances semblent comparables à celles du lithium-ion, le sodium présente l'avantage d'être abondant (la croûte terrestre contient 2,6 % de sodium, contre 0,06 % à peine de lithium) et se trouve partout sur la planète, notamment dans l'eau de mer, sous forme de chlorure de sodium (NaCl).

Dernière grande technologie de pointe : l'hydrogène utilisé comme carburant pour produire de l'électricité. Lancée en 2004 au Japon, la Mirai de Toyota est la première berline à pile à combustible produite en série. Le constructeur ne manque pas de s'en vanter : son pot d'échappement n'émet aucun gramme de CO_2, uniquement de la vapeur d'eau. Il reste tout de même deux obstacles de taille : le coût prohibitif de fabrication et l'absence de réseaux de distribution d'hydrogène. Toyota est pourtant confiant et prédit le décollage de cette technologie dans les années 2030.

TOYOTA

CONSTRUCTEUR JAPONAIS, FONDÉ EN 1937. PREMIER CONSTRUCTEUR MONDIAL EN NOMBRE DE VÉHICULES VENDUS (10,15 MILLIONS EN 2015).

Ces questions de batterie n'arrêtent pas Tesla et Elon Musk, son président visionnaire. Après avoir devancé les constructeurs automobiles historiques sur la ligne de départ des voitures électriques, il annonce ouvrir son marché au-delà de la niche haut de gamme. L'homme qui applaudit les Norvégiens pour leur potentielle future interdiction des voitures à essence voit loin, très loin. Il veut, à terme, des véhicules électriques, entièrement fondés sur les énergies renouvelables. Et à des prix plus accessibles. En juillet 2016, il annonce vouloir produire un camion de transport de fret, un bus et, à l'avenir, un réseau de voitures autonomes utilisables à la demande. « En plus des véhicules privés, il y a deux autres sortes de véhicules électriques nécessaires : des gros camions et du transport

TESLA

CONSTRUCTEUR AMÉRICAIN DE VÉHICULES ÉLECTRIQUES, FONDÉ EN 2003. DEUX MODÈLES SONT COMMERCIALISÉS : LA BERLINE MODEL S (2012) ET LE SUV MODEL X (2016). LA MODEL 3 EST ANNONCÉE POUR LA FIN DE L'ANNÉE 2017.

urbain à forte densité de passagers. Les deux sont dans les premiers stades de développement chez Tesla et devraient être prêts à être dévoilés l'année prochaine », écrivait Elon Musk dans un message publié sur le site Internet de Tesla et cité par *Le Monde*.

Face à lui, les Japonais, qui ont une longueur d'avance sur les autres grands constructeurs européens et américains. Mais, ces derniers mois, les marques ont rivalisé d'annonces de futurs nouveaux modèles et d'alliances en tous genres. « L'industrie automobile verra plus de changements dans les cinq prochaines années qu'au cours des cinquante années écoulées », observait Mary Barra, PDG de General Motors en janvier 2016. De fait, cette vieille dame d'un autre siècle s'arrime aux grands et petits défricheurs. Et leur damera sûrement le pion à l'arrivée : force de l'expérience et puissance industrielle obligent.

> « L'INDUSTRIE AUTOMOBILE VERRA PLUS DE CHANGEMENTS DANS LES CINQ PROCHAINES ANNÉES QU'AU COURS DES CINQUANTE ANNÉES ÉCOULÉES. »

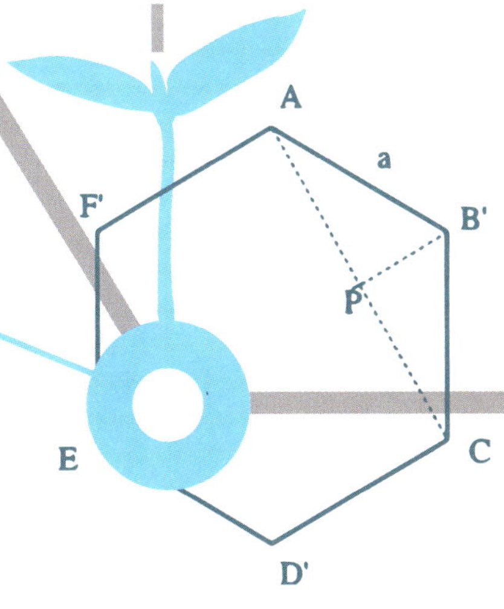

LA TRANSITION HYBRIDE

D'ici là, Guillaume Devauchelle, directeur de l'innovation de l'équipementier Valeo, prédit, sans doute de façon un peu optimiste, que 80 % des véhicules neufs seront hybridés en 2020, soit environ 80 millions d'unités sur le marché mondial. Ces voitures, qui allient moteur thermique et moteur électrique, pourraient offrir une bonne transition avant le tout-électrique. Leur progression est encore timide : en 2015, elles représentaient 3,2 % des nouvelles immatriculations, soit une hausse de 0,8 % par rapport à l'année précédente. Le japonais Toyota est en tête des ventes en France, grâce à ses modèles, dont la Toyota Yaris HSD. Après avoir retiré du marché ses trois modèles hybrides diesel-électrique, jugés trop polluants, le groupe PSA annonce sept hybrides (essence-électrique) rechargeables d'ici à 2021.

Distinguer l'énergie la plus vertueuse s'avère plus difficile que prévu. Par exemple, concentrer la production uniquement sur des voitures hybrides et électriques ferait doubler en cinq ans notre consommation de cuivre… Prendre en compte tous les paramètres suppose de considérer l'ensemble du parcours de vie d'une voiture, depuis le choix des matières premières utilisées jusqu'à sa destruction, en passant par les ateliers de fabrication et les lieux de vente. « La voie la plus sage est donc très certainement celle d'une combinaison de différentes sources d'énergie et d'une réduction de la consommation de matières premières, au profit des matières recyclées, affirme Philippe Schulz, expert leader en matière d'environnement, d'énergie et de matières premières chez Renault, qui est le seul constructeur à avoir mis en place une filiale pour avoir accès aux véhicules en fin de vie. Aujourd'hui, l'ensemble du cuivre utilisé comme métal d'alliage est issu du recyclage de véhicules en fin de vie. Le plastique est également recyclé.

RECHARGEABLES

HYBRIDES RECHARGEABLES OU « PLUG-IN HYBRIDS » : SE RECHARGENT À L'AIDE D'UNE BORNE OU D'UNE PRISE, À L'ARRÊT. DANS LA VERSION FULL HYBRIDE, LA PLUS RÉPANDUE, LE MOTEUR THERMIQUE RECHARGE LA BATTERIE AINSI QUE LE FREINAGE RÉGÉNÉRATIF.

« LA VOIE LA PLUS SAGE EST TRÈS CERTAINEMENT CELLE D'UNE COMBINAISON DE DIFFÉRENTES SOURCES D'ÉNERGIE ET D'UNE RÉDUCTION DE LA CONSOMMATION DE MATIÈRES PREMIÈRES, AU PROFIT DES MATIÈRES RECYCLÉES. »

LA ROUTE 5G

La route est souvent la grande oubliée de l'équation mobilité durable. Pourtant, avec plus de 80 % du trafic des voyageurs (en voyageurs/km) et 90 % des marchandises, le ruban de bitume est partie prenante de la transition énergétique. Un consortium européen de chercheurs et de partenaires y travaille depuis déjà cinq ans. Et les résultats sont impressionnants. Imaginez, car la R5G, une route qui transporte, outre ses clients naturels, de l'énergie et des informations, ne sera pas déployée avant 2025.

Grâce à des capteurs enfouis sous les revêtements, la route pourra indiquer l'état des chaussées, ponts, tunnels. On pourra, par exemple, mesurer la déformation de la chaussée, l'impact des conditions climatiques. Des informations en temps réel concernant la météo et le trafic seront disponibles au kilomètre près.

La route pourra également capter et produire suffisamment d'énergie pour alimenter ses propres équipements, mais aussi pour maintenir la chaussée hors gel ou au contraire abaisser sa température.

Enfin, l'hypothèse la plus séduisante pour les adeptes de la voiture électrique : la R5G pourrait, à terme, recharger les voitures électriques en mouvement, sans contact.

Construite en matériaux recyclés, cette route sera modulaire. Entendez qu'elle pourra s'adapter tant à la voiture qu'aux tramways ou aux vélos. Les chaussées seront conçues pour être plus facilement ouvertes et refermées à l'aide d'un matériel plus léger et silencieux, ce qui devrait à la fois faciliter le travail de maintenance, minimiser les nuisances pour les riverains et décongestionner le trafic en cas de travaux.

Toutes ces solutions innovantes pourront s'exporter et profiter aux trains, aux avions et aux bateaux. Cela aidera à la mobilité grâce à un transfert fluide d'un moyen de transport à un autre.

« LES INDUSTRIELS DEVRONT AUSSI VENDRE DES SOLUTIONS SERVICIELLES, GÉRER DES BUDGETS MOBILITÉ, NÉGOCIER AVEC LES COLLECTIVITÉS LOCALES. »

Sur le nouvel Espace, nous avons quasiment doublé la quantité de plastiques recyclés pour atteindre près de 55 kilos, soit une centaine de pièces. »

Les constructeurs seront-ils des acteurs de la mobilité durable ? Patrick d'Humières, président de l'Institut RSE, assure que « les industriels ne pourront pas continuer à vendre des solutions technologiques » : « Ils doivent changer de métier, faire leur transition vers la mobilité durable. Vendre aussi des solutions servicielles, gérer des budgets mobilité, négocier avec les collectivités locales. Demain, la voiture sera dans le pass Navigo. Personne ne veut en entendre parler aujourd'hui, mais demain ? Du coup, les écoles doivent enseigner autre chose que du moteur aux futurs ingénieurs ! »

Certains constructeurs ont pris le virage. Talonnés par une concurrence venue du numérique, autant dire d'une autre planète, ils donnent des signes. PSA vient de conclure un partenariat avec le chinois Dongfeng pour produire des voitures électriques à partir de 2019. Voilà pour le volet durable. Et pour la mobilité, il vient d'acquérir des parts de la société Koolicar. Cette entreprise d'autopartage gère la location de voitures entre particuliers et propose un boîtier connecté (la Koolbox), qui évite les échanges de clés.

Si Renault est en tête des ventes en Europe avec sa Zoé électrique, c'est BMW qui a mis, avant tous les autres, un pied dans le futur. Créée en 2011, sa filiale BMW i vend « un concept global, garantissant une mobilité durable » : des voitures électriques associées à des services de mobilité, sous forme d'applications ou de plateformes. Ainsi, la marque allemande propose un service d'autopartage outre-Rhin et, à San Francisco, une application pour trouver, réserver et payer une place de parking avec guidage de l'automobiliste jusqu'à destination. Même chose pour trouver une borne de recharge compatible.

VEDECOM : ENSEMBLE POUR INNOVER

Renault, PSA, Valeo, Safran, IFSTTAR, CETIM, Estaca, ESIGELEC, l'université de Versailles-Saint-Quentin-en-Yvelines, CCI Versailles, PFA, EDF, Airbus, OpenDataSoft, Vinci Autoroutes… Les 42 partenaires de VeDeCom réunissent plus de 110 collaborateurs issus pour partie des filières de l'automobile et de l'écomobilité, des décideurs et des acteurs des territoires et des organismes de recherche, y compris l'Institut pour la ville en mouvement, autour de questions sociales et sociétales.

Il n'en fallait pas moins pour relever le défi de cet institut hors normes, qui s'est fixé comme objectif de devenir le leader de la recherche et de la formation en Europe concernant le véhicule décarboné et sa mobilité. Au cœur de ses travaux : le véhicule autonome connecté et ses usages, avec la création de standards visant à faire évoluer le cadre réglementaire et normatif aux niveaux national et européen.

Depuis sa création en 2015, les 40 chercheurs de VeDeCom ont achevé plus de 50 publications et déposé 6 brevets. Leurs thématiques de prédilection : l'électrification des véhicules, la délégation de conduite et la connectivité, et enfin, la mobilité et l'énergie partagées, en termes d'infrastructures et de services.

En 2016, VeDeCom a inauguré un atelier de prototypage de machines électriques. Un outil extrêmement précieux et efficace qui va permettre de diviser par dix le temps nécessaire depuis la conception jusqu'à la fabrication d'une pièce.

Sans oublier le guide interactif de voyage urbain avec localisation des centres d'intérêt et, enfin, un forum en ligne qui met en relation des particuliers disposant de places de stationnement libres en ville (Londres pour l'instant). Une application aide même les automobilistes à compléter leur trajet en transport en commun avec des infos en temps réel pour rejoindre leur lieu de travail de manière fiable et ponctuelle.

INNOVER ENSEMBLE

Au fond, ce qui peut faire la différence dans les années à venir, c'est la capacité des uns et des autres à innover ensemble. « Voilà quelques années, les ingénieurs apportaient des solutions technologiques, les pouvoirs publics pensaient infrastructures. La voiture était une donnée, l'enjeu était d'en faire passer le plus possible sur des voies en bon état dans un espace sécurisé. Le tout sans vraiment de contact avec les constructeurs, encore moins avec les utilisateurs. Cette organisation en tuyaux d'orgue n'est plus adaptée aux enjeux de la mobilité durable », commente Pascale Ribon, directrice de l'école d'ingénieurs des transports Estaca, de 2010 à 2016. Aujourd'hui, par exemple, la route de cinquième génération est pensée comme un système de services et de fonctions, et non plus seulement comme un revêtement. Les équipes mobilisées pour sa conception réunissent différents champs disciplinaires, tant en sciences humaines qu'en sciences de l'ingénieur, et nouent, par exemple, des partenariats avec Météo France et l'Institut géographique national afin de localiser de façon très précise les phénomènes climatiques perturbant la circulation. Les prochaines étapes, notamment d'expérimentation, devraient intégrer d'autres acteurs de la mobilité ainsi que les futurs utilisateurs.

Autre exemple de nouvelles synergies : la Fabrique des mobilités, une plateforme initiée en 2015 par l'Ademe, l'Agence de l'environnement et de la maîtrise de l'énergie. La Fabrique se définit comme « un accélérateur d'innovations », considérant « qu'à l'ère du numérique, il est nécessaire de relier les acteurs de la mobilité afin de construire des ressources communes, que ce soit des plateformes technologiques, des données ouvertes, des logiciels libres, des connaissances, des retours d'expériences, des protocoles, des territoires d'expérimentation… » La Fabrique des mobilités regroupe une cinquantaine de partenaires, parmi lesquels des industriels, des opérateurs de transport public, des entrepreneurs du numérique, des collectivités territoriales, des écoles d'ingénieurs...

Pour Gabriel Plassat, ingénieur de l'Ademe à l'origine de la Fabrique, ce nouveau type de collaboration est devenu incontournable. « Les acteurs historiques ont industrialisé des modes de transport permettant d'accompagner un développement économique et l'aménagement du territoire. Les produits mis en œuvre, comme l'automobile, se révèlent maintenant à la fois comme étant une solution et un problème. Dans l'étude prospective de l'Ademe 2030-2050, nous avons montré que l'atteinte du Facteur 4 n'était possible qu'en combinant le meilleur des progrès technologiques avec une évolution des comportements et le développement d'une offre industrielle de services de mobilité, offre appelée « véhicule serviciel », dont le covoiturage, les formes d'autopartage sont une des formes d'expression. Or, nous sous-estimons la difficulté, les freins à changer de mobilité. Ce changement, le passage d'un mode à l'autre ou la démobilité par un changement de son organisation ou de son mode de travail, doit être considéré comme un bouleversement intégral. »

FACTEUR 4

OBJECTIF QUE LA FRANCE S'EST DONNÉ DE DIVISER PAR QUATRE SES ÉMISSIONS DE GAZ À EFFET DE SERRE, D'ICI À 2050, POUR LIMITER LE RÉCHAUFFEMENT CLIMATIQUE À UNE AUGMENTATION MOYENNE DE 2°C.

Saint-Denis
La Courneuve
Aubervilliers
Pantin
Bobigny
Bondy
Romainville
Les Lilas
Bagnolet
Montreuil-sous-Bois
Rosny-sous-Bois
Vincennes
Paris
Boulogne-Billancourt
Suresnes
Ivry-sur-Seine
Vitry-sur-Seine
Villejuif
Charenton-le-Pont
Chevilly-Larue
Choisy-le-Roi
++++ +2 +++

III/III

MOBILITÉ PARTAGÉE

L'automobile ne semble pas une espèce menacée : 1,7 milliard de véhicules circuleraient aujourd'hui sur la planète et, en 2030, le parc devrait dépasser les... 3 milliards d'unités ! Chaque année, 80 millions de véhicules neufs alimentent cette formidable expansion. Les 100 millions devraient être atteints en 2018. Car les marges de progression sont énormes : en 2013, la Chine comptait seulement 69 véhicules pour 1 000 habitants, contre 587 en France ou 770 aux États-Unis. Tous les marchés progressent : très fortement dans les économies émergentes, en Asie et en Amérique latine, mais aussi dans les économies développées, et même en Europe où les constructeurs déplorent une « croissance molle ». Mais une croissance tout de même.

« UNE AUTOMOBILE PASSE 95 % DU TEMPS EN STATIONNEMENT, AU GARAGE OU AU PARKING. »

Pourtant, un autre discours se fait entendre de façon de plus en plus insistante : peut-on continuer ainsi ? Qui souhaite vraiment 3 milliards d'automobiles sur terre ? Et toujours plus de routes, de stations-service et de parkings.

On compte 38 millions de voitures en France, qui coûtent chacune près de 5 000 euros par an, soit environ 200 milliards d'euros : 10 % du PIB français ! 200 milliards d'euros immobilisés la plupart du temps. « Une automobile passe 95 % du temps en stationnement, au garage ou au parking, résume Benjamin Frayssinet, du cabinet Chronos. Et lorsqu'elle roule, le taux d'occupation est en moyenne de 1,3 personne par véhicule. C'est un investissement incroyablement sous-utilisé et un énorme gisement : en partageant les véhicules, nous pourrions augmenter considérablement l'offre de mobilité, tout en réduisant la taille du parc automobile. »

UTILISER SANS POSSÉDER

Le véhicule partagé recouvre une multitude de pratiques plus ou moins nouvelles, allant de la location, éventuellement entre particuliers, aux flottes de véhicules en libre-service, en passant par le plus classique covoiturage. Drivy, Autolib', KeyLib, Citiz, Zipcar, Wattmobile, Mobizen… : on ne compte plus les start-up et les services, publics ou privés, adossés ou non à de grands opérateurs qui misent sur le partage de l'automobile, mais aussi du vélo ou du scooter. « Le véhicule partagé s'inscrit dans un mouvement général de dépossession », particulièrement fort chez les jeunes urbains, estime Gabriel Plassat, de l'Ademe. Aujourd'hui, on n'achète plus de disques ou de DVD, mais on s'abonne à des services de streaming en ligne. L'usage (écouter de la musique) prime sur la possession (d'un disque qui va prendre la poussière sur une étagère). Appliqué à la mobilité, cela conduit à ne plus posséder de vélo, de scooter ou de voiture, mais à s'abonner aux transports en commun ou aux services de véhicules partagés. »

> « LE VÉHICULE PARTAGÉ S'INSCRIT DANS UN MOUVEMENT GÉNÉRAL DE DÉPOSSESSION. »

Les grands constructeurs automobiles commencent eux aussi à tenir le même discours. Début 2016, General Motors crée un service d'autopartage, qu'il expérimente tout d'abord dans le Michigan. Baptisé « Maven », il s'appuie sur le rachat de Lyft, numéro 2 mondial des VTC (voitures de transport avec chauffeur), et de Sidecar, un spécialiste du covoiturage. Quelques mois plus tard, la firme américaine expérimente, à San Francisco, un partenariat avec Uber, principal concurrent de Lyft…

BMW s'est associé à Sixt il y a près de cinq ans pour proposer un service d'autopartage. De son côté, PSA a lancé deux services de location, et s'est

PARTAGE CONNECTÉ

Utiliser un vélo en libre-service, c'est bien. Connaître sa disponibilité, c'est mieux. Une start-up bordelaise, Qucit, a conçu une application permettant de connaître, jusqu'à 45 minutes à l'avance, les stations au niveau desquelles vous êtes sûr de trouver un vélo ou une borne disponible pour raccrocher le vôtre. En service à Bordeaux, Toulouse, ou encore Paris, BikePredict se veut fiable à 98 %. Pour élaborer ses modèles prédictifs, Qucit — pour *quantified cities* — reprend les données en temps réel fournies par les opérateurs, comme JCDecaux à Paris ou Keolis à Bordeaux. La start-up y ajoute des variables météorologiques (pluviométrie, température, force du vent), l'historique des déplacements constatés dans la commune, l'impact du calendrier : des données qui, pour la plupart, sont en libre accès.

Qucit ne s'arrête pas là. Elle met au point une solution qu'elle propose aux exploitants pour mieux équilibrer la répartition des deux-roues dans les points de stationnement et travaille sur un calculateur d'itinéraire combinant différents modes de transport.

Et quant à ceux qui n'ont pas (encore) lâché leur volant, l'appli CityPark les aide à trouver une place, en précisant le temps nécessaire pour trouver le stationnement adapté aux critères de chacun (tarif, temps de trajet).

associé en 2014 à Wedrive, spécialiste du covoiturage. La société a depuis rendu l'âme et, mi-2016, le constructeur français s'est rapproché de Koolicar, spécialiste de la location entre particuliers. Il s'est également associé au groupe Bolloré pour développer des véhicules en libre-service.

« UN VÉHICULE CONÇU POUR LE PARTAGE SERA SANS DOUTE PLUS RUSTIQUE. »

Ces exemples de rapprochement entre une grande industrie plus que centenaire pesant des dizaines de milliards et les start-up super légères du Web sont assez surprenants : elles ont longtemps tenu des discours très éloignés, voire hostiles. D'un côté, on louait la propriété, la liberté, la vitesse, le statut social... De l'autre, ces arguments « old school » faisaient plutôt sourire : pourquoi dépenser des fortunes alors que, grâce aux VTC, à l'autopartage, à la location et au smartphone, on peut aujourd'hui se déplacer sans posséder le moindre véhicule ?

« Véhicule connecté, autonome, partagé... L'usage de l'automobile et plus généralement de la mobilité va se transformer, confirme Carla Gohin, directrice de la recherche, de l'innovation et des technologies avancées du groupe PSA. L'automobile a longtemps fait rêver, c'est moins le cas aujourd'hui, du moins dans les économies développées. Les jeunes urbains passent moins le permis de conduire, posséder un véhicule n'est plus une priorité. C'est une tendance forte que nous devons prendre en compte, en proposant de nouveaux services, de nouveaux véhicules adaptés au partage. Le marché ne va pas se retourner – beaucoup de gens auront toujours le besoin ou l'envie de posséder un véhicule –, mais il sera de plus en plus segmenté, avec des offres adaptées à chaque besoin. Un véhicule conçu pour le partage sera

BOLLORÉ

GROUPE FRANÇAIS FONDÉ EN 1822, PRÉSENT SUR TOUS LES CONTINENTS DANS LES SECTEURS DU TRANSPORT ET DE LA LOGISTIQUE, LA COMMUNICATION, LES SOLUTIONS DE STOCKAGE D'ÉLECTRICITÉ. DEPUIS 2001, SA SOCIÉTÉ BLUE SOLUTIONS PRODUIT DES BATTERIES ET SOLUTIONS DE STOCKAGE D'ÉLECTRICITÉ QUI REPOSENT SUR UNE TECHNOLOGIE LITHIUM MÉTAL POLYMÈRE. EN DÉCEMBRE 2016, APRÈS CINQ ANS D'ACTIVITÉ, SES SERVICES D'AUTOPARTAGE COMPTENT 150 000 ABONNÉS À PARIS, LYON, BORDEAUX, TURIN, INDIANAPOLIS. LES BLUECAR EN LIBRE-SERVICE SONT ANNONCÉES À LONDRES ET À SINGAPOUR.

sans doute plus rustique, il utilisera des matériaux plus faciles à nettoyer ou même capables de s'autodésinfecter. Un nouveau marché va apparaître, mais il ne va pas remplacer l'autre. Parallèlement aux flottes de véhicules urbains, "pratiques" et entièrement tournés vers l'usage, il restera une demande pour des véhicules individuels, plus sophistiqués. »

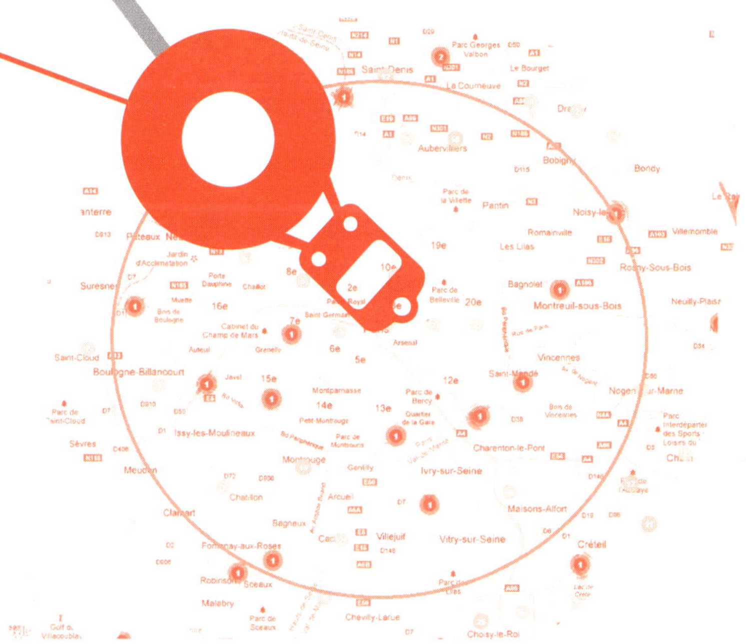

LE VÉHICULE PARTAGÉ DANS TOUS SES ÉTATS

Économistes, cabinets d'études et autres consultants friands d'analyses segmentent le marché du véhicule partagé à l'infini. Bref aperçu des catégories et pratiques les plus généralement admises et ayant un point commun : l'utilisateur ne possède pas le véhicule qui le transporte.

- La location « classique » : le service proposé depuis des années par les grands loueurs (Hertz, Avis, Europcar). On loue un véhicule pour une durée déterminée, on paie en fonction de la catégorie du véhicule, de la durée, de la distance parcourue. Récemment sont apparus des services de location « de très courte durée » (quelques heures).

- La location entre particuliers, dite aussi « autopartage P2P » (*peer to peer*). Le propriétaire d'un véhicule le propose à la location, via des plateformes spécialisées (Drivy, Koolicar). Le succès du service dépend de la communauté d'usagers : on recherche en général un véhicule près de chez soi.
- L'autopartage classique dit « en boucle retour » (*return car sharing*) : les véhicules (automobiles, scooters) sont proposés à partir d'une plateforme fixe (un parking) et doivent être retournés à leur point de départ. Le service est généralement proposé sur abonnement (mensuel, annuel), plus un coût pour chaque usage. Les entreprises qui n'ont pas besoin de véhicules en permanence sont de bons utilisateurs de ces services (Communauto, City Roul).
- L'autopartage en trace directe (*one way*) : Autolib' en région parisienne, Bluely à Lyon, mais aussi tous les services de vélos partagés (Vélov', Vélib', etc). Principal avantage : le libre-service. On prend le véhicule à une station dédiée et on peut le déposer dans une autre. Particulièrement adapté aux locations courtes sur une zone donnée (une agglomération).
- L'autopartage B2B : une entreprise met sa flotte de véhicules à disposition d'autres entreprises du secteur.
- Le covoiturage : ici, on ne partage pas un véhicule mais un trajet. Le conducteur ayant des places libres les propose à qui veut, moyennant une participation aux frais. En quelques années, le français BlaBlaCar s'est imposé comme le leader mondial du covoiturage sur moyenne distance (de 100 à 500 kilomètres). De nombreuses start-up tentent de s'imposer sur le segment des trajets courte distance, et notamment les trajets quotidiens (domicile-travail).

« LE VÉHICULE PARTAGÉ CONDUIT AU RAPPROCHEMENT ENTRE UNE INDUSTRIE AUTOMOBILE PLUS QUE CENTENAIRE ET DES START-UP DU WEB. »

LOCATION ENTRE PARTICULIERS

1974 : La Rochelle inaugure le premier service de vélos en libre-service. L'essai durera dix ans. Après diverses tentatives au Danemark, aux Pays-Bas, en Allemagne, Lyon lance en 2005 la première expérience de l'ère numérique à grande échelle : le Vélo'v. Devant le succès de cette initiative, Stéphane Savouré, un ingénieur de vingt ans d'expérience dans le transport et les télécoms, a un déclic : pourquoi ne pas adapter le système du libre-service à la voiture ? Oui, mais quelles voitures ? Celles de tout un chacun, qui passent des heures inutiles au parking. Le temps de laisser mûrir le projet, il fonde sa société en 2010. « Il a ensuite fallu élaborer le modèle, le tester, l'adapter… Rapidement, nous nous sommes orientés vers un système de location entre particuliers en privilégiant la courte durée, un créneau sur lequel les grandes enseignes de la location (Hertz, Avis…) sont peu performantes : trop chères, pas assez souples, trop compliquées. On peut accepter de se déplacer jusqu'à une agence, faire la queue, remplir des dossiers… pour une location de type vacances. Pour deux ou trois heures, c'est totalement inefficace. »

Koolicar souhaite limiter les contraintes au maximum. Et quelle est la principale contrainte lors d'une location entre particuliers ? « La remise des clés, affirme Stéphane Savouré. Il faut convenir d'un rendez-vous satisfaisant les deux parties, on fait le tour du véhicule, le propriétaire est un peu inquiet de confier sa voiture à un inconnu, l'utilisateur trouve ça pénible… Nous avons donc imaginé un système sans rencontre. »

Près de deux ans ont été nécessaires pour développer un boîtier électronique qui, installé dans le véhicule, permet de déverrouiller les portières à partir d'un badge ou d'un smartphone. « La mise au point du boîtier a été particulièrement complexe : il fallait qu'il s'adapte à toutes les voitures, dont les technologies

KOOLICAR

CRÉÉ EN 2010, LANCE SA PLATEFORME D'AUTOPARTAGE TROIS ANS PLUS TARD. EN 2016, KOOLICAR EST PRÉSENT DANS UNE CINQUANTAINE DE VILLES.

« UN BOÎTIER ÉLECTRONIQUE PERMET DE DÉVERROUILLER LES PORTES, ÉVITANT AINSI LES CONTRAINTES LIÉES À LA REMISE DES CLÉS. »

sont différentes. » En 2013, le service est d'abord testé à Bègles, « où l'on trouve une municipalité et une communauté très militantes, concernées par l'économie collaborative, le partage. Ça nous a permis d'adapter le modèle ». Résultat, un service ultra-simple : un propriétaire souhaitant louer son véhicule y installe le boîtier. Les utilisateurs réservent un véhicule à disposition près de chez eux, reçoivent un code qui permet de le déverrouiller, et c'est tout. Formalités : zéro ou presque, une fois que l'on est inscrit sur le site. Le paiement se fait en ligne, en fonction du kilométrage. Il inclut le prix du carburant. Selon Koolicar, les tarifs « tout compris » sont 30 à 40 % inférieurs à ceux des grands loueurs. En 2016, la MAIF, puis le groupe PSA sont entrés dans son capital. La société devrait rapidement passer d'une quarantaine à une centaine de collaborateurs. Déjà présente à Montréal, elle souhaite se développer à l'international, en commençant par l'Europe du Nord. Une filiale propose ses services aux flottes des entreprises. Brigitte Courtehoux, à la tête des « nouvelles mobilités et des services connectés » du groupe PSA, est très confiante : « Le marché de l'autopartage entre particuliers est tout nouveau, mais en pleine expansion. On estime qu'il pourrait atteindre 10 à 40 millions d'utilisateurs en Europe d'ici à 2020. Avec un service innovant, simple et efficace, Koolicar se positionne en pionnier. »

« Le marché se transforme, les nouvelles solutions se multiplient, les habitudes vont changer, confirme Stéphane Savouré. En 2015, avec la MAIF, nous avons lancé l'expérience "sansmavoiture" dans deux villes tests : Bordeaux et Niort. En mobilisant tous les opérateurs de transport (SNCF, véhicules en libre-service, transports en commun, autopartage...), nous avons proposé à une cinquantaine de volontaires de vivre deux mois sans leur voiture. Les

MAIF

ASSUREUR MUTUALISTE, FONDÉ EN 1934. SON FONDS MAIF AVENIR A POUR OBJET DE FINANCER L'INNOVATION, LE DIGITAL ET L'ÉCONOMIE COLLABORATIVE. PARMI LES START-UP SOUTENUES : KOOLICAR ET TRAVELERCAR (AUTOPARTAGE), SHARETTE ET COVOITURE-ART (COVOITURAGE), ZENPARK (PARKINGS PARTAGÉS), GUESTTOGUEST ET LOCAT'ME (ÉCHANGE DE MAISONS ET LOCATION ENTRE PARTICULIERS), MONPTIVOISINAGE ET MUTUM (RÉSEAUX SOCIAUX DE PROXIMITÉ).

résultats sont très intéressants : 80 % des participants, qui étaient certes des gens concernés, se sont dits prêts à revendre leur véhicule à l'issue de l'expérience. Le facteur déterminant est la facilité d'usage : il faut avoir des solutions alternatives à tout moment, sans devoir planifier et prévoir. Si ces solutions n'existent pas, on achète une voiture. Qui coûte cher, ne sert à rien 95 % du temps mais qui est là, au cas où... En octobre 2016, nous avons recommencé l'opération à Grenoble et Dijon. »

« IL FAUT AVOIR DES SOLUTIONS ALTERNATIVES À TOUT MOMENT, SANS DEVOIR PLANIFIER ET PRÉVOIR. »

Lancé en 2011 en région parisienne, Autolib' compte quant à lui aujourd'hui près de 4 000 voitures électriques (les Bluecar du groupe Bolloré) dans plus de 1 000 stations réparties dans une centaine de municipalités. C'est le plus grand service d'autopartage en libre-service au monde. Contrairement à la plupart des services d'autopartage, dits « en boucle » (on prend et on retourne le véhicule dans la même station), il fonctionne « en trace directe » : les véhicules peuvent être retirés et déposés dans n'importe quelle station.

En expansion continue, le nombre d'abonnés aurait dépassé les 100 000. Bolloré exploite également des services d'autopartage à Lyon, à Bordeaux et, depuis 2014, à Indianapolis, aux États-Unis. En 2016, il a annoncé son arrivée à Turin, à Rome, mais surtout à Singapour, où il devrait déployer une flotte de 1 000 véhicules en 2017. En attendant Londres.

Si l'autopartage en libre-service séduit tant les villes – et particulièrement les grandes métropoles –, c'est qu'il semble apporter une véritable solution pour réduire enfin la place de la voiture dans les centres-villes. Une voiture en autopartage remplace neuf voitures individuelles et libère huit places de stationnement, estime une étude de l'Ademe. « À Paris, un véhicule est en moyenne utilisé sept à huit fois par jour, affirme Didier Marginedes, vice-président de Blue Solutions, la branche "véhicules" du groupe Bolloré. Le record étant de dix-neuf utilisations pour un seul véhicule. »

« COMMENT CONVAINCRE DES INCONNUS DE S'ASSEOIR CÔTE À CÔTE ET DE PASSER PLUSIEURS HEURES ENSEMBLE DANS L'ESPACE RÉDUIT D'UNE AUTOMOBILE ? »

À PLUSIEURS, C'EST MIEUX

Parmi la multitude de start-up qui se créent chaque semaine aux quatre coins de la planète pour tenter de surfer sur la vague du partage, BlaBlaCar s'est imposée comme le leader mondial du covoiturage. Partie de zéro il y a dix ans, la société est désormais valorisée à plus d'1,5 milliard d'euros. « Les chiffres progressent à une vitesse folle, assure Laure Wagner, porte-parole de la société dont elle fut la première salariée. Nous sommes aujourd'hui 500 collaborateurs, mais l'effectif double chaque année… Le potentiel du covoiturage est énorme, incalculable. »

Particulièrement rodé, le storytelling de BlaBlaCar raconte que l'idée est née un soir de 2003 à Paris dans l'esprit de Frédéric Mazzella, un jeune chercheur en physique qui ne trouvait pas de train pour aller passer les fêtes de fin d'année dans sa famille, en Vendée. Il devait forcément y avoir des gens qui s'apprêtaient à rejoindre la région en voiture et qui avaient une place libre : comment entrer en contact avec eux ?

« Au départ, il a fallu pas mal tâtonner, il y avait un problème d'image, raconte Laure Wagner. Il fallait absolument se démarquer de l'auto-stop que les partenaires et les banques jugeaient comme "un truc de babas post-soixante-huitards sans avenir". Il fallait aussi rassurer le public, à qui il faisait peur, pour des raisons de sécurité. Nous devions réussir à installer une relation de confiance. »

Comment convaincre des inconnus de s'asseoir côte à côte et de passer plusieurs heures ensemble dans l'espace réduit d'une automobile ? En bâtissant une communauté de membres aux profils dûment renseignés. On connaît le sexe des utilisateurs, leur âge, leur visage, le numéro d'immatriculation de leur voiture, et même leurs centres d'intérêt, s'ils souhaitent les partager. Mais, surtout, comme sur Airbnb ou sur eBay, chaque utilisateur est évalué par ceux

BLABLACAR

PRÉSENTE DANS 22 PAYS, EN EUROPE, MAIS AUSSI EN INDE, AU MEXIQUE OU AU BRÉSIL, ELLE COMPTE 22 MILLIONS DE MEMBRES INSCRITS À SES SERVICES ET PERMET À 3 MILLIONS DE PERSONNES DE SE DÉPLACER CHAQUE MOIS.

qui ont eu affaire à lui. Untel est sympathique, à l'heure, prudent, sa voiture est bien entretenue, il écoute une « super musique », a accepté un petit détour pour me poser devant ma porte... Les grincheux et autres fous du volant se retrouvent isolés... ou doivent changer de comportement.
« Grâce aux profils et aux évaluations réciproques, l'anonymat disparaît et la confiance s'installe. Le besoin de confiance est très fort et nous y consacrons beaucoup d'énergie. Une équipe d'une centaine de personnes modère les échanges sur la plateforme, poursuit Laure Wagner. Les craintes varient d'un pays à l'autre, il faut les comprendre et tenter d'y apporter des réponses. » En Europe, pour préserver la vie privée, il n'est par exemple pas obligatoire de décliner sa véritable identité sur le site. En revanche, le chauffeur doit laisser le numéro d'immatriculation de son véhicule, que les passagers peuvent ainsi communiquer s'ils le souhaitent à leurs proches. « L'an dernier, nous avons demandé à nos membres à qui ils accordaient le plus de confiance. Logiquement, la famille (94 %) et les amis (92 %) sont arrivés en tête. Mais qui trouve-t-on en troisième position ? Les membres de BlaBlaCar au profil dûment renseigné (88 %) ! Largement devant les collègues de travail (58 %), les voisins (42 %) ou les « amis » des réseaux sociaux (16 %). »

Les 3 millions de personnes qui utilisent chaque mois BlaBlaCar pour se déplacer invoquent principalement des motivations économiques : le conducteur réduit le coût de son voyage et les passagers, dont la plupart ont une voiture, font de sérieuses économies. La convivialité est aussi invoquée : on passe quelques heures avec des gens d'horizons très différents et l'on fait parfois de jolies rencontres. L'aspect environnemental (protéger la planète, diminuer la

OUIHOP'

La solidarité, c'est aussi le créneau de OuiHop', une jeune start-up qui cherche à réinventer l'auto-stop grâce au smartphone. « Quand vous attendez le bus, des dizaines de véhicules aux trois quarts vides passent devant vous, lance Jean-Baptiste Boneu, l'un de ses cofondateurs. Si les conducteurs savaient que vous allez dans la même direction qu'eux, ils vous feraient monter à bord. Peut-être pas tous, mais au moins certains d'entre eux. » Le fonctionnement de OuiHop' est on ne peut plus simple : le conducteur branche l'application en montant dans sa voiture, les piétons sont géolocalisés, il peut les prendre à bord.

« Les freins au covoiturage sont bien connus : trop compliqué, trop de contraintes, pas assez de gains. Avec le smartphone, tout est fluide, instantané : pas de rendez-vous, pas de planification. Les gains sont symboliques, nous proposons une "gamification", comme Waze. Les utilisateurs accumulent des points et des tickets de loterie qu'ils peuvent convertir en bons pour de l'essence. Ça peut paraître étrange, mais ça marche. » En Inde, la ville de Bangalore a instauré ce système pour inciter les gens à prendre les transports hors des heures de pointe, ce qui leur permettrait de réduire le temps de trajet de vingt minutes… En Europe, plusieurs villes, dont Berlin, testent des systèmes comparables.
Lancée en 2015, la start-up OuiHop' est encore en phase de démarrage. Présente en région parisienne, à Nantes et à Montréal, elle affiche 13 000 utilisateurs, avec 300 à 400 nouveaux inscrits chaque mois. « C'est minuscule, mais nos partenaires et les pouvoirs publics comprennent bien l'intérêt du système : les outils numériques permettent de mettre en place des infrastructures virtuelles à des coûts ridicules. »

pollution…) est parfois évoqué mais n'est pas déterminant. À l'international, BlaBlaCar se développe principalement dans les pays où le coût de l'essence est très élevé, ce qui est le cas en Inde ou au Brésil. Et s'il est absent des États-Unis, c'est parce que l'essence y est très bon marché et que l'intérêt de partager un trajet est moindre.

Pendant cinq ans, les services de BlaBlaCar furent gratuits. La plateforme mettait les voyageurs en relation, ils s'échangeaient ensuite le prix convenu de la main à la main, dans le véhicule. Pour valoriser son activité, la start-up a testé plusieurs modèles sans succès : financement par les entreprises, partenariats, publicité… En 2011, changement de modèle : les utilisateurs doivent désormais payer le voyage en ligne, à la réservation, et l'entreprise prélève environ 20 % (5,50 euros pour un trajet de 30 euros). « Là, nous avons été critiqués, se souvient Laure Wagner. Certains voient le covoiturage comme un geste militant, solidaire, et donc gratuit. Partager les frais du trajet entre particuliers, ça passe encore (quoique certains critiquent même cette solution), mais qu'un intermédiaire "se fasse du fric" là-dessus, ça n'allait pas. Pourtant, c'est à partir de ce moment que le service a vraiment décollé. Un passager qui paie, c'est un passager qui vient : avec le paiement à l'avance, le taux d'annulation est passé de 33 % à 4 % ! 4 %, c'est très fiable, on peut difficilement faire mieux : il y a toujours des imprévus, des gens qui tombent malades, qui ont un problème de dernière minute. Le paiement à l'avance a clairement fiabilisé le service. »

COVOITURER POUR ALLER TRAVAILLER

Avec un trajet moyen de 330 kilomètres, la start-up BlaBlaCar s'est positionnée sur le covoiturage occasionnel longue distance. Ce n'était pas forcément son projet de départ : elle visait plutôt les trajets réguliers de courte distance, du type domicile-travail, et songeait à faire financer ses services par les entreprises. Mais cela n'a jamais fonctionné. « Un trajet court coûte autour d'un euro, ce n'est pas une motivation suffisante pour les utilisateurs. Même en leur démontrant qu'il faut additionner des centaines de trajets dans l'année, ajouter l'assurance, le coût d'entretien du véhicule, etc., ça ne marche pas », regrette Laure Wagner. Mais, au-delà du motif économique, le principal frein serait psychologique : « Les gens ne veulent pas s'engager dans une relation de longue durée avec des gens qu'ils ne connaissent pas, avec qui ils n'auront peut-être aucune affinité. »

Pour un week-end ou les vacances, on peut prendre le risque de voyager quelques heures avec quelqu'un que l'on ne reverra pas. Mais passer vingt minutes ou une heure par jour avec la même personne, c'est autre chose. Et si elle est en retard ? Dix minutes de retard sur un week-end, ce n'est rien, mais au travail... Et comment faire pour mettre fin à la relation si on en a assez ? On entre dans des problématiques insolubles, presque des problématiques de couple... »

Pour Jean Coldefy, responsable des mobilités urbaines du Grand Lyon, « le potentiel du covoiturage sur courte distance est certes considérable, mais peine à se développer, malgré de nombreuses expériences, souvent soutenues par des entreprises ou des collectivités territoriales ». Les freins sont ceux évoqués par BlaBlaCar : manque de fiabilité (serai-je à l'heure ?), gains financiers insuffisants, incertitude sur le trajet retour, difficultés à s'engager

« GRÂCE AU SMARTPHONE, OU À D'AUTRES SOLUTIONS TECHNIQUES, ON VOIT SE DÉVELOPPER UN COVOITURAGE SPONTANÉ, PLUS SIMPLE, SANS RÉSERVATION. »

ECOV

START-UP DE L'ÉCONOMIE SOCIALE ET SOLIDAIRE, CRÉÉE FIN 2014 PAR THOMAS MATAGNE ET ARNAUD BOUFFARD.

dans une relation de long terme en cas de trajets quotidiens… Mais la technologie va peut-être changer tout cela en fluidifiant les choses et en permettant au covoiturage dit dynamique de se développer. Grâce au smartphone, ou à d'autres solutions techniques, on voit se développer un covoiturage spontané, plus simple, sans réservation.

La voiture est un transport collectif : c'est le credo d'Ecov, une start-up d'une douzaine de personnes qui développe « un service public de covoiturage au quotidien ». Son idée ? Installer des bornes numériques dans certains lieux de grand passage (gares RER, terminus des lignes de bus…). L'utilisateur, inscrit au préalable sur le service, tape sa destination, qui s'affiche illico sur un panneau lumineux au-dessus de la route. Les automobilistes sont prévenus et peuvent s'arrêter. Une première expérience a été lancée début 2016, avec six bornes installées dans le Vexin, à l'ouest de Paris, près de Cergy et des Mureaux. L'objectif est d'arriver à une vingtaine de bornes en trois ans. D'autres sites devraient être testés prochainement : Ecov participe notamment au développement du covoiturage dynamique dans le Grand Lyon.

« Notre projet est particulièrement adapté aux zones périurbaines, ou même rurales, là où les transports sont rares, explique Clément Barbe, responsable “utilisateurs” de la start-up. Pour aller travailler, les gens n'ont souvent pas d'autre solution que la voiture pour rejoindre une gare RER, par exemple. Il s'agit de leur proposer un mode alternatif, facile, sans contrainte. » Dans une logique de service public, Ecov fait financer ses projets par les collectivités territoriales, très demandeuses de solutions alternatives aux coûteuses lignes de bus. « Nous sommes encore en phase de test, il faut communiquer, encourager les gens à changer d'habitudes… Dès que nous aurons atteint une masse critique d'utilisateurs, il y aura un effet d'entraînement. Le potentiel est énorme : sur un itinéraire très emprunté, nous avons calculé que les véhicules circulant à vide représentent la capacité de 700 bus ! »

Les passagers d'Ecov paient 12 centimes le kilomètre : « Autant dire pas grand-chose. Le conducteur ne gagne pas beaucoup non plus. Nous lui proposons de conserver ses “tickets” pour les traduire en bons d'essence. Certains conducteurs ne prennent même pas les tickets : la motivation principale n'est pas économique, c'est aussi un engagement, un acte de solidarité. Ce n'est peut-être pas très à la mode, mais ça existe. »

« VISUALISER SUR UNE CARTE SES ITINÉRAIRES ET LE TEMPS PASSÉ À CHAQUE ENDROIT PENDANT UNE SEMAINE PEUT NOUS AIDER À TROUVER DES SOLUTIONS ALTERNATIVES. »

COMPORTEMENTS ALTRUISTES

Économiste à l'université de Paris-Sud, Jean-Marc Josset souligne également ce paradoxe. « Les économistes ont tendance à penser que l'homme agit au mieux de ses intérêts : aller au moins cher, au plus rapide, au plus efficace. Mais le monde économique, les pouvoirs publics ne savent pas prendre en compte l'aspect fort peu rationnel du comportement humain. Et si le voyageur ne montait pas dans la rame de métro parce qu'elle est trop bondée et préférait attendre la suivante ? Si le conducteur quittait la nationale pour prendre cette petite route, un peu plus longue, mais tellement plus agréable ? Les économistes considéreraient ces choix comme un dysfonctionnement, une anomalie. »

Pour Jean-Marc Josset, il existe des comportements altruistes. Des exemples ? « Dès que les pouvoirs publics sont submergés et défaillants, la société prend le relais. Une inondation ? Une tempête ? On s'entraide. Les voisins ouvrent leur porte, les agriculteurs démarrent les tracteurs pour vous sortir du fossé sans aucun espoir de rémunération en retour. Idem pour le covoiturage : ça ne marche jamais aussi bien que pendant les grèves des transports publics. »

Entre 2013 et 2015, le chercheur a mené à Saclay, au sud de Paris, l'expérience Mobidix, visant à identifier les moyens d'encourager le covoiturage. Le plateau de Saclay accueille en effet le principal pôle scientifique français, regroupant organismes de recherche, universités, laboratoires, entreprises high-tech... Plus d'un million de mètres carrés de locaux sont construits et plusieurs projets de transport, dont une nouvelle ligne de métro automatique au départ de Paris, sont programmés pour accueillir des dizaines de milliers d'ingénieurs, de chercheurs et d'étudiants. Mais le métro ne sera pas achevé avant 2020 et, en attendant, les transports sont un cauchemar : Saclay compte parmi les embouteillages les

UNIVERSITÉ PARIS-SUD

L'UNIVERSITÉ PARIS-SACLAY COMPTE UN LABORATOIRE « RÉSEAUX INNOVATION TERRITOIRES ET MONDIALISATION », AUQUEL CONTRIBUE JEAN-MARC JOSSET.

plus célèbres d'Île-de-France. « Les études montrent qu'en réduisant le nombre de véhicules de seulement 8 %, on ferait quasiment disparaître les bouchons, commente Jean-Marc Josset. Pourtant, le covoiturage peine à se développer. » Mobidix a donc invité des candidats volontaires à participer à une « expérience » : une plateforme leur permettait d'organiser le covoiturage, des incitations furent testées, enfin une application sur smartphone leur proposait entre autres d'analyser leurs déplacements.

Conclusion ? « Ça marche bien mieux si on laisse les gens s'organiser eux-mêmes. Il ne faut pas les infantiliser, décider à leur place, faire la morale… » Deuxième enseignement, la motivation principale n'est pas économique : les gains sont faibles et non déterminants. Un « challenge du covoiturage » a par exemple été testé : les meilleurs covoitureurs montaient sur le podium et empochaient une prime. « Un ratage complet. Ce type d'incitation s'avère même contre-productif : quand vous voyez que vous n'êtes pas dans le peloton de tête et que vous n'avez plus de chance de gagner, vous laissez tomber. » Mais alors, qu'est-ce qui marche ? « Il faut donner aux gens les moyens de se représenter les enjeux à leur échelle. » Bombarder quelqu'un de chiffres sur les millions de tonnes de carbone rejetées dans l'atmosphère, ce n'est pas très efficace. Que peut-il faire, tout seul dans son coin, face à ce désastre ? En revanche, montrer aux gens leur propre empreinte de mobilité grâce au *tracking*, en indiquant sur une carte leurs itinéraires et le temps passé à chaque endroit pendant une semaine, les conduit à s'interroger sur leurs habitudes, à trouver eux-mêmes des solutions plus efficaces. « Alors que les essais de compétition individuelle ont été un échec, nous avons été surpris de voir que la compétition collective peut être très incitative. Notre application permettait de montrer quel était l'établissement de Saclay qui enregistrait les meilleures performances : cela a créé un esprit d'émulation, il fallait rattraper les copains. Le sentiment d'appartenance à une communauté semble très efficace. Le covoiturage peut certes être un moyen de faire des économies individuellement, mais c'est aussi un comportement d'entraide, de solidarité. »

Il y a cinq ans, on ricanait un peu devant les véhicules en libre-service aux allures de pots de yaourt qui prétendaient remplacer nos coûteuses automobiles. Aujourd'hui, on compte de plus en plus sur elles pour « libérer les centres-villes ». Dans un avenir pas si lointain, des flottes de millions de véhicules autonomes en libre-service sillonneront peut-être les agglomérations, libérant un espace considérable, éliminant les embouteillages, reconfigurant l'espace urbain. C'est le scénario envisagé par la Google Car ou Uber, mais aussi par de nombreux autres opérateurs.

Au XXe siècle, l'automobile n'a pas seulement envahi les villes, les paysages et les pages glacées des magazines, elle s'est immiscée partout : dans l'histoire, le cinéma, la politique. Dans nos têtes. Rappelez-vous : la DB5 de James Bond, la 403 de l'inspecteur Columbo, la DS du Général, la Fiat 509 de Gaston Lagaffe, les taxis de la Marne, Batman et sa Batmobile, les Jeep sur les plages de Normandie, Françoise Sagan pieds nus dans sa Jaguar, la 4L bleue de la gendarmerie nationale, la Bentley de John Steed, la 2 CV du gendarme de Saint-Tropez, la Rolls-Royce blanche de John Lennon, la Ford Torino de Starsky et Hutch... On n'en finirait plus. Au XXIe siècle, peut-être 007 devra-t-il partager sa Google Car avec Batman ? La planète ne s'en porterait pas plus mal.

Parc Georges Valbon
Le Bourget
Saint-Denis
La Courneuve
Aubervilliers
Bondy
Parc de la Villette
Pantin
Romainville
Villemomble
Les Lilas
19e
9e
10e
8e
Rosny-Sous-Bois
Suresnes
Jardin d'Acclimatation
Bagnolet
Parc de Belleville
20e
Montreuil-sous-Bois
16e
Bois de Boulogne
7e
3e
Champ de Mars
6e
5e
Saint-Cloud
Vincennes
Boulogne-Billancourt
15e
12e
Saint-Mandé
Javel
Montparnasse
14e
13e
Parc de Saint-Cloud
Bois de Vincennes
Issy-les-Moulineaux
Charenton-le-Pont
Sèvres
Montrouge
Meudon
Gentilly
Ivry-sur-Seine
Châtillon
Arcueil
Maisons-Alfort
Bagneux
Villejuif
Vitry-sur-Seine
Créteil
Fontenay-aux-Roses
Sceaux
Parc de Sceaux
Chevilly-Larue
Choisy-le-Roi

L'ESTACA, ÉCOLE D'INGÉNIEURS DES TRANSPORTS

Ce livre a été réalisé avec le concours de l'Estaca, école d'ingénieurs fondée en 1925 et présidée par Ludovic Busson.

L'Estaca est une école d'ingénieurs spécialisée dans tous les domaines de l'industrie des transports. Depuis 1925, l'École supérieure des techniques aéronautiques et de construction automobile agit pour construire un monde où les ingénieurs passionnés par les technologies répondent par l'innovation aux besoins des nouvelles mobilités.

L'école forme des ingénieurs et conduit une recherche appliquée au service de tous les acteurs des transports : aéronautique, automobile, espace, transports urbains et ferroviaires. Pour répondre aux besoins des nouvelles mobilités, l'Estaca intègre les nouveaux enjeux du transport : respect de l'environnement, maîtrise énergétique, urbanisation croissante. Enfin et surtout, l'Estaca valorise la passion comme moteur de l'innovation et de son ambition : être un expert incontournable des problématiques de transport et de mobilité.

Ce livre illustre cette volonté de l'Estaca de rassembler tous les acteurs engagés dans les nouvelles mobilités, dans une logique d'échange et de partage, pour valoriser les talents, stimuler la recherche et diffuser les savoirs.

Estaca

www.estaca.fr

POUR ALLER PLUS LOIN

Ademe :
www.ademe.fr
Chronos, cabinet d'études et de prospective :
www.groupechronos.org
La Fabrique des mobilités :
http://lafabriquedesmobilites.fr
Institut pour la ville en mouvement :
www.ville-en-mouvement.com
Gabriel Plassat :
http://transportsdufutur.ademe.fr/
VeDeCom :
www.vedecom.fr

Georges AMAR, *Homo mobilis*, Limoges, Fyp Éditions, 2016
Alain BOURDIN (dir.), *Mobilité et écologie urbaine*, Paris, éditions Descartes & Cie, 2007
Jean-Pierre ORFEUIL, *Une approche laïque de la mobilité*, Paris, éditions Descartes & Cie, 2008

REMERCIEMENTS

Les auteurs et l'éditeur remercient toutes les personnes qui ont contribué à la réalisation de cet ouvrage, et tout particulièrement Stéphane Masson, responsable du développement de l'Estaca et délégué général du Fonds Estaca pour les nouvelles mobilités.

Merci à :

Mov'eo, pôle de compétitivité en R & D automobile et mobilité
Mireille Apel-Muller, directrice de l'Institut pour la ville en mouvement
Judicaël Aubry, enseignant à l'Estaca
Clément Barbe, responsable « utilisateurs », Ecov
Bertrand Barbedette, enseignant à l'Estaca
Jean-Baptiste Boneu, cofondateur de OuiHop'
Valery Cervantes, projet Esprit (CEA)
Jean Coldefy, responsable des programmes mobilité du Grand Lyon
Brigitte Courtehoux, directrice de l'unité services connectés et mobilités, PSA
Ghislain Delabie, directeur-conseil « Mobilité et ville intelligente », Techneo
Guillaume Devauchelle, directeur de l'innovation et de la recherche, Valéo
Jean-Laurent Franchineau, directeur du programme écomobilité de l'institut VeDeCom
Benjamin Frayssinet, géographe, consultant au cabinet Chronos
Carla Gohin, directrice de la recherche, de l'innovation et des technologies avancées, PSA
Patrick d'Humières, président de l'Institut RSE
Thomas Jaeger, direction de la recherche et du développement, Daimler Mercedes
Jean-Marc Josset, économiste chez Orange Labs, enseignant à l'université Paris-Sud
Rahul Kumar, vice-président de la Digital Factory, Transdev
Nicolas Le Douarec, cofondateur de CityzenCar
Michael Oualid, ex-enseignant à l'Estaca
Olivier Paul-Dubois-Taine, ingénieur général honoraire des ponts et chaussées
Gabriel Plassat, ingénieur, Ademe
Pascale Ribon, ex-directrice de l'Estaca (2010 à 2016)
Paul Rousselin, Neavia Technologies
Stéphane Savouré, fondateur de Koolicar
Philippe Schulz, expert leader en matière d'environnement, d'énergie et de matières premières, Renault
Laure Wagner, porte-parole de BlaBlaCar

Les papiers utilisés dans cet ouvrage sont
issus de forêts responsablement gérées.

MIXTE
Papier issu de
sources responsables
FSC® C003309

Gravure : Axiome
Imprimé en France chez Clerc
Dépôt légal : février 2017
Numéro d'édition : 5236
ISBN : 978-2-7491-5236-3